U0021993

240

マーケティングの新しい基本
顧客とつながる時代の4P×エンゲージメント

數位行銷圈客法則

奧谷孝司 × 岩井琢磨

高詹燦——譯

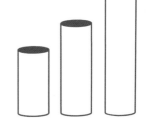

用全新行銷4P與顧客建立連結，
讓商品熱賣又長銷

目次

PART 1　顧客改變了行為

Chapter 01　「日常生活的數位轉換」已成定型

Chapter 02　企業「竭盡全力的對應」與「徹底的進化」

Chapter 03　「緊密連結」所帶來的價值

PART 2 ## 顧客的價值有所改變

Chapter 04　顧客價值的三個層級

Chapter 05　Peloton ──健身企業藉由革新顧客的 連結點，獲得壓倒性勝利

PART 3 ## 改變行銷思維

Chapter 06　傳統型 4P 的弊病

PART 4　**改變商業模式**

Chapter 10　TRIAL ──標榜「以 IT 改變通路」的日本先驅

PART 5　改變競爭規則

Chapter 11　lululemon ──市值擠進全球前三名的加拿大新星

Chapter 12　Walgreens ── 「解放」顧客的第一手資訊，加速新事業發展

PART 6　改變掌握資料的方式

Chapter 13　以「線上與線下的融合」為前提

Chapter 14　Walmart ── 將食材送進冰箱裡，掌握「顧客行動」的實驗

PART 7　改變事業系統

將行銷的基礎數位化

數位革命，也就是整個社會的數位轉換，據說是從 1990
年代後半的網路普及期開始。從那時起，通訊基礎設施和相
關技術就開始進化，智慧型手機接著登場，社群網站和電子
商務急速發展。人們有許多時間都是在數位空間中度過，元
宇宙也逐漸成真。這就是我們現在身處的環境。

東京大學研究所工學系研究科的森川博之教授說，在產
業革命之下創造出的通用技術，得花上很長的時間才會普及
到整個社會。

以電力為例，電燈的事業始於 1880 年代，但等到工廠
引進電力、大幅提升產業的生產性，則是在 1920 年之後，
中間需要約 40 年的時間。雖說有新的技術登場，但並非一
切都會馬上隨著改變。

要整備好能穩定供應工廠電力的基礎設施，也要汰換
掉工廠的設備和配置（原本是以蒸氣引擎作為基礎所建造

的），還要重新規劃在工廠上班的工匠們的工作模式，皆需花上不少時間。

☑ 往後 20 年是「數位革命」的下半場戰役

如果說數位革命也是同樣的情形，那麼，我們正活在網路開始普及的 20 年後這個時間點。如今回頭看，在筆者剛成為社會人士的時候，生意上的聯絡方式仍以一般電話和傳真機為主流，別說智慧型手機了，家裡連電腦也沒有。而現在我們所過的生活，一年 365 天，每天 24 小時，要說隨時都與數位相連，一點也不誇張。家中有高速 Wi-Fi，許多工作都變成在家遠距工作，與同伴討論都以 Slack 或 Zoom 來進行，另外，像是操作家電或簡單的購物，只要對著亞馬遜的智慧型助理 Alexa 說話就能搞定。當初買下第一代 iMac 擺在家中時的感動，筆者至今仍未忘記，但當時萬萬想不到，20 多年後，我們所過的生活竟然有如此巨大的轉變。

就像森川教授所指出的，「真正的數位社會」的到來，大概是在 2040 年左右，照這樣看來，剛過 2020 年的這個時間點，尚且只是「革命到一半」。以今後的技術來說，6G

的到來、AI 與 VR 的活用、無人機和自動駕駛的普及、元宇宙的興起等，光是這些已能預測到的事物，就已經很令人看好它們帶來的各種革新，但這還只是數位革命下半場戰役的一小部分。森川教授所說的 40 年，指的是「普及之前的這段期間」，他提到「千萬不能忘了這個動向已經開始發展，一旦形成潮流後，就會一口氣加速下去」。就像 20 多年前我們也無法想像現在的生活一樣，要以現實的觀點去想像今後 20 年將發生的變化，實在有點困難。

📋 行銷人該正視的事

只要以上述角度去思考，馬上就會浮現三個想法。

第一，「因為才革命到一半，所以會混亂也是理所當然的吧」。目前的狀況不是「數位競爭」，而是應該稱作「數位狂亂」，由於正處在新舊模式彼此衝突的分界上，因此也能說是理所當然的現象。

第二，「不論自家公司會不會改變，社會的變化一樣不會停下腳步」。有人認為，度過新冠疫情的風波之後，一切應該就會恢復如往昔；筆者能體會這種想要樂觀看待的心

情，但在新冠疫情下展開的社會數位化，只不過是在長達 40 年的巨大潮流中，激起短短幾年的小波浪。如果現在只採取短視近利的因應方式，將會被（從中引發更大變化的）數位化潮流所吞噬，亦不難預見因此而沉沒的情況。

第三，「在數位革命之下，哪些事會產生何種程度的改變，沒有人能夠預見一切」。現在所發生的是社會全體的革命，而基礎設施的進化、技術革新、生活變化等等，重重交疊在一起，像一股濁流般不斷向前湧進。人們不可能精準地預測它們會如何相互影響、會對自家公司所處的業界和經營方式帶來何種影響。

當然，展開這類預測的優秀研究和書籍相當多，從中學習確實也是個辦法，不過，等搞懂一切後再來判斷該如何行動，這樣就太慢了。千萬別忘了，「我們自己也是決定革命方向的其中一人」。不能只是想著要靠預測來殺出一條血路，而是要擁有能看出今後變化的眼光，邊跑邊思考、邊思考邊開創出未來的道路。靠自己的行動來引領變化的方向性，抱持這樣的態度是相當重要的。

身為行銷人，應該正視的重點，當然不是數位技術革新本身，而是數位革命將陸續引發的顧客變化、價值變化、競爭變化，甚至行銷進化。本書所要傳達的訊息就在此。

🛍️ 五年後，仍和現在做同樣生意的企業將會消失

即使自家公司沒變化，但顧客會改變、競爭也會逐漸變得不同。明確指出這點的，是人稱行銷之神的菲利普・科特勒（Philip Kotler）教授。

2020 年 11 月，科特勒教授舉辦了一場世界行銷高峰會，主題為「克服危機的點子」（Ideas for Critical Times）。他在一場題目為「新冠疫情時代的全新行銷思維」（New Marketing Thinking in the Age of Coronavirus）的專題演講中犀利地指出，我們應該面對的，是宛如一道來得又急又巨大的浪濤般、發生在我們面前的顧客變化。如果這只是暫時性的環境變化，那麼或許還會有「忍耐、等它過去」這個選項，但面對長期性的顧客變化，卻選擇「忍耐」的選項，無疑是自殺的行為。因為當顧客改變，競爭也隨之改變。

科特勒教授說：「五年後，仍和現在做同樣生意的企業將會消失。」

也就是說，他給出的訊息是「不是改變，就是死」。

科特勒教授提出的這個終極提問，絲毫沒給人選擇的空間。不過，就算要選擇改變，也不知該往哪個方向邁進。重

要的是指引改變的方向的「路標」；可以確定的是，這個路標並非單純只是「將數位技術納入經營方式中」。光是增加對數位工具的投資，並不會展現出成果。那麼，指引方向的路標又是什麼呢？其實就是一句話——「看清楚顧客」。

不論在哪個時代，決定企業生死的關鍵都是「顧客」。「唯有在顧客有困難時出手相助的企業，才會在顧客心中留下印象；也唯有採取這種行動的企業，才能在新冠疫情後存活。」科特勒教授的這番話，明確地指出了這件事。

「正因為是處於足以決定企業生死的急遽變化中，所以要看清楚顧客。」儘管這個「路標」感覺上已超出原則，但卻是最根本、最強而有力的事。這同時也提醒我們，數位革命所帶來的行銷進化，就是「回歸顧客的原點」。

4P ╳ 數位革命

本書是以數位革命為前提，將著眼點放在數位革命所促成的行銷進化上。在顧客的「日常生活的數位化轉換」持續加速的此刻，行銷思維的根本已超出通路或促銷數位化的層次，逐漸轉換成以數位為前提。

作為評估進化的一種方法，對於堪稱是行銷思維基礎的 4P——產品（Product）、價格（Price）、促銷（Promotion）、連結點（Place），本書會重新展開思考並使其進化，進而提出數位時代下的「全新行銷基礎」。

接著，進一步藉此具體觀察國內外的企業案例，例如派樂騰（Peloton）、露露樂檬（lululemon）、YAMAP、snaq.me、TRIAL、宜得利、CAINZ、Nike、沃爾瑪（Walmart）、亞馬遜生鮮（Amazon Fresh）、沃爾格林（Walgreen）、盒馬鮮生等，逐一解釋他們「以數位作為前提」的策略。

或許有人會認為麥肯錫（Edmund Jerome McCarthy）所提倡的 4P 已太過老舊，派不上用場，但本書刻意採用這個人人都知道的思考法，以描繪出數位革命下發生的思維進化。希望能以這個思考法為主軸，來思考我們處於革命中的行銷現場該全力投入哪些問題。

本書的目的是要讓實務派的人展開行動，當然，也很歡迎理論性的批判。不過，現在需要的並非經過完美證明的理論，而是用來掌握大致方向、能夠展開行動的地圖。真要說的話，筆者們甚至認為，處在這種非生即死的局面下，還要去理解無法馬上在行銷現場派上用場的理論，根本是浪費時間。因為現在最該優先解決的，是在數位革命的局勢中，從

「坐以待斃」的狀態中跳脫。本書會提出擁有這個課題意識的實務派人士、在學會或產業現場所創造出的思考框架；從實踐的觀點向讀者拋出提問，促成讀者一同思考。若能提出這種觀點和思考的框架，就算是達成本書的目的了。

那麼，我們馬上開始吧。

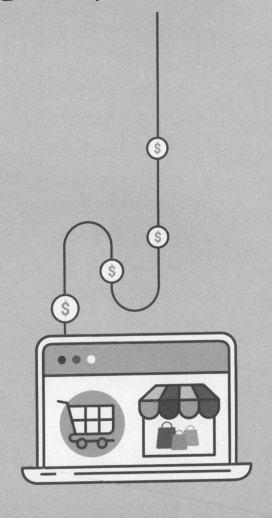

PART **1**

顧客改變了行為

01 「日常生活的數位轉換」已成定型

　　新冠疫情所帶來最顯著的變化,就是「日常生活的數位轉換」急速展開。

　　儘管過去以亞馬遜為首的許多企業,一再促成顧客行為的數位化,但新冠疫情更是大力推動了這股潮流。不只是工作,像是教育、購物等許多生活上的層面,也紛紛轉換成數位,且急速地變化。處在這樣的生活中,像亞馬遜和 Zoom 這類提供數位連結的企業和服務,幫了我們很大的忙。

　　我們與這類企業之間在心理上與習慣上的連結,已變得比以前更為緊密,成了不可或缺之物。筆者們常呼籲企業以數位來構築與顧客間關聯之重要性,但這與其說是企業努力的結果,不如說是企業被顧客的生活變化所牽動,因而一下子在各個業界強制地實現了。可以說是顧客的生活變化超越了企業的改革速度。

☑️ 將透過數位得到的體驗當作「價值」

　　所謂的生活，是對環境的適應，例如，強制引進遠距工作的結果，是在家上班也能推動業務。此外，企業方面的環境變得更完善，許多人適應了新的工作方式，也從中看出新的價值。由於通勤時間減少，所以開始在家中運動、和家人一起做菜、閱讀時間增加、回歸人類應有生活的人反而變多了。筆者們的友人當中，也有不少人在辦公室位於東京的企業上班，同時搬到外地居住。

　　在企業提供的線上平臺中得到愉快又便利的購物體驗，於是比過去更常在生活中利用這些服務的人也不少。筆者的父母也是這樣，雖然年事已高，但也會在網路上訂購食材或生活用品。之後，他們仍繼續利用線上購物，還說「去店裡買東西是很愉快，但想到以前每次要出門買東西，不知為何總感到心情沉重，就覺得自己好蠢」。一方面深切感受到真實的重要性，另一方面也因為數位的便利性和舒適性而覺醒。

　　在我們生活周遭環境的不確定性有增無減的情況下，這些變化不是像「暫時捏緊錢包」這種單純迴避危機的行動，而是將透過數位得到的體驗當作「價值」，進而接納這些體

驗，這是一種行動的改變。就結果來看，顧客挑選的企業會透過數位賦予其新的價值和舒適體驗；因此，顧客會與無法提供這一切的企業保持距離。儘管在真實世界中面對面以及購物的價值一樣沒變，但這類顧客已接受了數位所帶來的價值和行動變化。如果我們還繼續認為「只要等新冠疫情過去，就完全不會再有這種情形，一切都會恢復原樣」，這樣想真的恰當嗎？

02 企業「竭盡全力的對應」與「徹底的進化」

　　面對顧客生活的急遽變化，企業也竭盡全力因應新冠疫情所引發的狀況。尤其是受到許多不合理限制的餐飲店，更是想盡辦法要推動線上點餐和外送，全力投入其中。服飾業也火速引進運用 Zoom 的線上客服系統，他們要突顯的不是店面，而是待客技巧一流的員工，也就是他們原本最具競爭力的經營資源。有一部分的服飾品牌，藉由短時間內在線上接待多名顧客，獲得了高額的營收，展現出不錯的成果，而這樣的成功體驗也透過媒體迅速與眾人共享。

　　另一方面，像食品超市這類持續採取面對面販售的實體店鋪，也看到不少積極推動非現金支付的案例。筆者住處附近的生鮮食品超市，甚至貼出告示，宣布「為了避免顧客和店內員工感染的風險，結帳時請用電子支付之類的非現金方式支付」。這是因為人們認為現金交易有感染的風險，而且

判斷顧客在收銀臺前排隊也會提高感染風險。

以確立全新商業模式為目標的美國企業

上述企業都是想努力維持長期以來的商業模式，進而「全力因應」。但如果將目光轉向國外，便會發現在同一時期，其他企業已採取更加出人意料的對策。

據報導，美國亞馬遜旗下的食品超市 Whole Foods 已將六家店面轉換成「幕後店」（dark store）（資料來源：Business Insider，2020 年 5 月 18 日）。所謂的幕後店，是專門對應線上訂貨的店面；顧客無法走進店內，員工專門只做線上訂貨的配送業務。不只是 Whole Foods，像是連鎖超市 Kroger 等等，也暫時採用幕後店的模式，亦即將店面切換成管理新鮮度的倉庫兼配送據點。

此外，零售業的領頭羊沃爾瑪引進會員制「沃爾瑪＋」後，線上訂購的銷售額便急速成長。連鎖藥局沃爾格林則是透過得來速以應對藥品和商品的領取，加上號稱全美國最快的取貨服務，促成了線上銷售的成長。

這些對策可不是因為新冠疫情才臨陣磨槍、暫時應付

專門對應BOPIS和外
送的揀貨人員常駐
的 Whole Foods 店面
（2019 年 3 月由筆者
拍攝）

美國早在新冠疫情之前就已經在推動 BOPIS 對應（2019 年 3 月由筆者拍
攝）

而已，而是早在新冠疫情之前，各家公司就已一直在「進化」，才有可能辦到。「網路訂貨、店面取貨」的方式稱為「BOPIS」（Buy Online Pick-up In Store），在美國，超市以外的購物中心等業界，同樣早在新冠疫情之前就已持續深耕。說到 Whole Foods，他們之前便已經與新創企業 Instacart 合作，對線上訂購的宅配做出因應，而亞馬遜在 2017 年將 Whole Foods 納入旗下，也是看準了要確立這種融合數位的零售商業模式。

這些企業所展現的新冠疫情對策，與日本許多（並非全部）只會藉由貼上「請用電子支付」的告示、以竭盡所能的現場對應來咬牙苦撐的零售現場相比，可說是處在完全不同的層次。

盒馬鮮生──吞併其他無法因應新冠疫情的公司店面，進而大幅成長

有一個展開數位轉換的食品超市案例，同樣也廣為人知，那就是中國阿里巴巴集團旗下的盒馬鮮生。盒馬鮮生是阿里巴巴於 2016 年所設立的食品超市，在上海開設第一家

盒馬鮮生的店內。結帳使用支付寶。有超大的水箱，可供挑選新鮮的魚貝類（2019 年 6 月由筆者拍攝）

店。不光是特別採支付寶來結帳，舉凡線上訂購和宅配，甚至是在店內挑選好魚貝類等食材、請店家烹煮之後宅配等，都能運用數位方式來展開各種服務的對應。此外，商品皆附有標籤，可透過 QR 碼看到食材的產地、採收日、配送履歷等，能同時因應民眾所追求的食品安全性。

除此之外，不只是外送，就連實體店面也提供搭配數位的全新服務。例如，一些大型店內有可供用餐的巨大「超市餐廳」，顧客可用 app 挑選菜單，也能從店內的超大水箱裡挑選魚或螃蟹，當場烹煮，在店內享用。

在料理櫃臺指定好烹調法、調味之後，便會現場為客人烹煮，客人可在一旁的店內餐桌享用。筆者們造訪時，也在水箱裡挑選了小龍蝦及其他海鮮，然後試著用 app 下訂，烹煮所花的時間約 15 分鐘左右，味道鮮美，重點是過程很愉快。我們是在週末上午造訪店面，接近中午時，店內座無虛席，許多人帶著一家大小前來，享受著以實惠的價格便能吃到的菜餚。

有些店面甚至還引進外送機器人，盒馬鮮生在這個領域的安排上投注了不少心力。並非單單只是數位化的店面，而是以數位連結線上與線下，展開各種服務，讓顧客得到全新的體驗。

雖說每家店面的電子商務銷售額都在 50％以上，但在新冠疫情下，面對顧客對於熟食或已烹煮、加工好的食品之爆炸性需求，仍然出現了無法完全因應等影響，不過除了線上訂購數、銷售數量之外，顧客數量同樣也大幅增加。其實早在新冠疫情爆發之前，阿里巴巴集團就已在推動藉由活用數位方式來促成「新零售」，而這也是進化奏效所帶來的結果。

　　另一項令人震撼的事，是盒馬鮮生將新冠疫情轉變為

盒馬鮮生的超市餐廳。購買食材後，請他們烹調，便會有機器人端來餐桌給你（2019 年 6 月由筆者拍攝）

成長契機，吞併了其他無法因應新冠疫情而破產的食品超市店面，進而加速展店（資料來源：36Kr Japan，2020 年 4 月 1 日）。

這些「搭上數位化洪流、加速成長的企業，吞併了無法因應數位化的企業」的現象，難道可以視為只限於部分地區或業界才會發生的事嗎？

03 「緊密連結」所帶來的價值

🛍️ 線下企業陸續破產

過去以線下為主、長期構築出與顧客之緊密連結的企業，在新冠疫情之下，不分業界，一律都深陷於困境中。在日本，有些大型百貨公司被迫一再地長期停業，業績嚴重惡化。在新冠病毒肆虐的 2020 年 5 月時，美國陸續傳出服飾品牌 J.Crew 和百貨公司尼曼（Neiman Marcus）等企業破產的報導。

健身業界也在同年的 5 月初傳出美國的 Gold's Gym 破產（作者注：日本的 Gold's Gym Japan 是加盟連鎖，與該公司的資本無關，對健身房的營運沒有影響），6 月時則是傳出 24 小時健身（24 Hour Fitness）公司申請適用破產法的新聞。24 小時健身公司大約有 400 家店面，是全美第二大的健身中心連鎖店。

另一方面，也傳出一則形成對照的新聞，那就是以訂

閱的方式在線上提供健身課程的派樂騰，業績急速成長。
在新冠疫情下，將「顧客急速轉向數位的行動」當成助力的
企業，與當成阻力的企業，獲得的成果在好壞上有明顯的差
異。懂得以此作為契機，展開數位轉換的企業，其所帶來的
服務迅速普及，對民眾而言是理所當然的事，而這也會進一
步將其他倖存下來的公司慢慢逼入絕境。

Nike —— 「與顧客的緊密連結」促成加速成長

能看出這種好壞差異的，並不只是食品超市、服飾、健
身這類以自家公司店面為主體的業界。

舉例來說，Nike 就是在新冠疫情下加速數位轉換、達成
急速成長的企業之一。Nike 在 2017 年便打出「以數位來構
築與顧客間最直接的緊密連結」的策略，他們配置了能因應
顧客興趣的內容，提供嚴選會員福利的 Nike app，以及可連
結最新熱門鞋款的「SNKRS」app，作為自家公司的通路。
SNKRS 於 2018 年在日本正式發布，兩天後，在 iPhone 的下
載數排名馬上躍升為購物類型中的第一名。

此外，他們還搭配「Nike ＋」這種數位接觸點，實現與 Nike 粉絲時時維持連結的目標。2019 年底有一份報導提到，「全球有 1.7 億名用戶使用 Nike 的 app 系列」（資料來源：DIGIDAY，2019 年 11 月 26 日）。

這些 app 或線上的設計，並非單純只是銷售通路，而是能即時提供符合顧客興趣的資訊或體驗，作為深化與顧客之連結的場所、充分發揮其功能的顧客接觸點。Nike 活用了這些連結點，進而成功提高服飾及運動用品的交叉銷售，同時也明確地訂出方針，停止批貨給個人商店這類的地方商家，以便抑制降價、避免損及品牌形象（資料來源：日經 MJ，2021 年 4 月 18 日）。

此舉果然奏效，儘管面對新冠疫情的威脅，Nike 仍急速成長，甚至可能在 2022 年 5 月創下前所未有的最高銷售額。總裁暨執行長約翰‧杜納霍認為，這樣的業績是由數位促成「與顧客緊密的連結」所帶來的，他做出以下的說明：

「Nike 的好業績，顯示出 Nike 獨特的競爭優越性，以及與全球消費者之間緊密的連結。（中略）我們將持續對革新與數位領導力展開投資，逐步構築 Nike 長期成長的穩固基礎」（資料來源：Fashionsnap.com，2021 年 6 月 28 日）。

對於業界龍頭 Nike 的此一動向，愛迪達和 Under Armour

也抱持同樣的看法，而整個運動服飾業界也進一步促成顧客的行動、加速往數位的方向改變。

📋 她改用宜得利家居的理由

以日本國內的案例來看，在新冠疫情之下，有一家與競爭者拉大差距的企業，就是宜得利。由於新冠疫情的緣故，許多人為了要斷捨離或是騰出遠距工作的空間，因此需要更換家具或追加購買。宜得利搭上這股風潮，一口氣博得廣大顧客的支持。這直接促成了新冠疫情下的業績成長，2020 年 3 ～ 5 月期的合併財務報表中，收益增加了兩成；既有店面的銷售額（2020 年 5 月 21 日～ 6 月 20 日）與去年相比，也成長了約五成，展現出驚人的成長趨勢。

促成這項成果的背後原因，是宜得利在新冠疫情前就已歷經千錘百鍊的商品、運送能力，以及對數位的活用（資料來源：日本經濟新聞，2020 年 6 月 25 日）。在新冠疫情中，數位的便利性成了契機，有不少顧客從其他公司轉移到宜得利這邊。有個從筆者的朋友那裡聽來的經驗談，如實地說明了這種情況。

當筆者們針對宜得利的快速成長，在網路上與人交換資訊時，某位朋友發了一篇文。這位朋友的孩子分別是小學生和國中生，夫妻倆都在商場前線工作。聽說他們因為新冠疫情而被迫在家工作，為了整頓家中並騰出遠距工作的空間，因此需要購買日常用品和家具。他們之前都是在另一家販售生活雜貨和家具的品牌商店購物，但該商店的大部分店面都是設在大賣場內，由於新冠疫情造成大賣場封閉，無法到店裡採買，於是他們嘗試改去附近一家在路邊展店的宜得利。在店內的體驗，令她對宜得利大為改觀。

宜得利家居線上購物網

店面
取貨服務

在宜得利家居
線上購物網訂貨　　在店面取貨！

24 小時都能從宜得利家居線上購物網訂貨。
在宜得利店面取貨，免運費。
如果店內有**庫存**，有可能**隔天**取貨！！

※部分店面若在下午兩點前訂貨，有可能「最快當天」取貨！！

▌從訂貨到取貨

1 在宜得利訂貨	2 確認取貨日	3 在店面服務櫃臺取貨

宜得利店面取貨服務：「宜得利家居線上購物網」

為了減少感染病毒的風險，她希望盡可能減少在店內停留的時間，而能夠因應這項需求的，正是宜得利的「到店取貨服務」。她說：「只要事先在線上提出要求，就能在最近的宜得利店面一樓的服務櫃臺取貨，現場結帳，在店內停留的時間只有短短五分鐘。我愛死這套系統了，後來我又去了三次。」

　　顧客的成功體驗，會造就後續主動的行為變化。她的變化並未就此結束，她說：「我忽然發現我過去原本只在同一家品牌商店買的廚房用品，現在都改去宜得利買了。像我今天就買了水瓶，要價不到以前的一半，我很滿意，因為宜得利對人們想要改善這種鬱悶生活的現狀，做出了因應。至少我今後應該會改去宜得利購買某些日常用品，這是可以確定的事。」

　　或許有人會認為「這只是個人的經驗談」，但像她這樣的顧客應該所在多有。宜得利從以前就對反展廳現象（webrooming）和展廳現象（showrooming）＊做出因應，透

＊　譯注：展廳現象是指消費者在店內挑選完商品後，再上網購買。反展廳現象則相反，意指消費者在網路上搜尋、研究過商品後，再到實體店購買。

過在店內掃描商品便能宅配到家的「兩手空空購物」，以及線上購買、店面取貨的 BOPIS，藉由活用數位來強化服務。這些措施都在新冠疫情下為顧客帶來很大的價值，讓宜得利與競爭對手拉開差距。只要顧客像她一樣，發現「宜得利包含數位在內，都帶給人們絕佳體驗」，就能提高對宜得利的品牌忠誠度，不太容易重回以前的品牌商店了。

☑ CAINZ 嘗試凝聚顧客的支持度

在新冠疫情下，人們為了買口罩和體溫計，打從店家開門前就在門口大排長龍。在這樣的情況下，造就出「雖然需要這些商品，卻連購買的機會也受限」的顧客，而對此做出因應的，是大型購物商場 CAINZ。

早在新冠疫情之前，CAINZ 便著手投入以數位措施來提升顧客體驗；在疫情爆發時，他們活用數位措施，展開口罩和體溫計的抽籤販售。這套機制需要顧客前往特別為抽籤販售所設立的網頁上參加，一旦中選就會傳送網址和認證碼給顧客，完成購買手續後，四至七個工作天便能出貨（資料來源：IT media 商業，2020 年 4 月 30 日）。這些投入，獲得

「購物難民」的廣大支持，因為他們買不到口罩這類的新生活必需品。身為一間在地方生活中扎根的企業，這確實是充分了解顧客狀況後所做出的因應措施。

那麼，又有多少企業採取行動，想運用數位措施來解決因新冠疫情而產生的全新顧客課題呢？整個社會明明發生了與顧客生死攸關的嚴重事態，但大部分的企業仍繼續推出和

在 CAINZ app 中追加多項特別功能

CAINZ app 變得更方便了

app 同時展開預約取貨服務！
只要將您喜歡的店面「登錄至 My Store」，就能看見店內的庫存，保留喜歡的商品。
▶ 關於 CAINZ app，詳見：

無須等候時間的「PickUp 置物櫃」

前往取貨櫃臺取貨

店內取貨專用置物櫃
「CAINZ 取貨置物櫃」店面擴大中！

今後預計擴大取貨專用櫃臺、取貨專用置物櫃的規模，以解決取貨所花費的心力和時間等麻煩，有助於進一步提高便利性。

> 設有置物櫃的店面　　　　　　　　　搜尋

早在新冠疫情之前，CAINZ 便著手投入以數位措施來提升顧客體驗

過去一樣的廣告，傳達同樣的訊息，始終都跟平時一樣，只會「向來到店裡的顧客販售商品」。懂得活用數位措施、面對顧客的課題展開行動的企業，與沒這麼做的企業，顧客會選哪一邊，應該再明顯不過了。

只要有像 Nike、宜得利、CAINZ 這樣的企業，將現狀視為「不可逆的日常生活數位轉換」，那麼，活用數位措施、提供更高顧客價值的走向，便不會止步。這些企業創造出的全新數位接觸點與體驗，將逐漸深植於顧客心中，進而加速「日常生活數位轉換」的腳步。

✅ 企業破產的原因是「無法維持連結」

如此戲劇性的數位轉換，甚至有部分人士聲稱是「在五週內發生五年的進化」。有些企業將數位轉換化為成長的契機，也有企業被這股洪流吞沒、陷入破產的窘境，兩者間的差異究竟為何？擁有數位通路與否，確實是其主要原因，但是派樂騰、亞馬遜、盒馬鮮生、Nike 之所以能在新冠疫情下成長，難道單純只是因為「擁有數位通路」嗎？而在新冠疫情下倒閉的企業，之所以會破產，是因為「沒有數位通

路」嗎？

答案顯然是否定的。

前面提到，陷入破產窘境的服飾品牌和大型健身企業，絕不是因為「沒有數位接觸點」。以 24 小時健身公司來說，他們很早就在推動影片內容這一類的數位化和全通路策略，而他們對全公司數位化的投入，以前在數位行銷業界便備受好評。

這些企業並非因為「沒有數位接觸點，所以才破產」，而是因為「光靠數位接觸點，無法與顧客維持連結，所以才會破產」。

✅ 「沒有連結價值」的企業，會從顧客的日常生活中消失

新冠疫情下的破產案例帶給人們的啟示，並非只是「有無數位接觸點的差異，會造成天堂與地獄之分」如此表面上的含意。整個社會的數位轉換正持續進行，顧客處於隨時與企業緊密連結的狀態。由於新冠疫情，生活上數位轉換的腳步也突然加快；以數位方式與企業保持連結，在日常生活中

逐漸具有重要的價值。

　　說得極端一點，從顧客的立場來看，如果一家企業無法讓人認為有以數位連結的價值，就會被排除在顧客的生活之外。單純只是擁有數位接觸點，已經行不通了。要擁有面對顧客的企業態度，構築可以時時向顧客提案的商業模式。假如不能強化與顧客間的連結，就很難持續受到顧客的青睞。

　　在數位革命的大潮流中，能看準顧客的變化、更新自家商業模式的企業，與做不到這點的企業，兩者間的差距今後將會逐漸浮現。

　　急遽的環境變化，會讓人展開自我防衛的行動，不論是企業或個人都一樣，可說是理所當然的事。但是，企業絕不能採取短期的因應方式，也必須要在革命時期對長期商業模式展開重新評估。

　　顧客的「日常生活數位轉換」不會停下腳步，這是不可逆的潮流。在這樣的前提下，必須看出其所帶來的最根本變化，進而改變自己。

　　那麼，「最根本的變化」又是什麼？下一章，我們先來看看顧客價值的變化。因為顧客日常生活的數位轉換對行銷帶來的最大變化，就是顧客價值的變化。

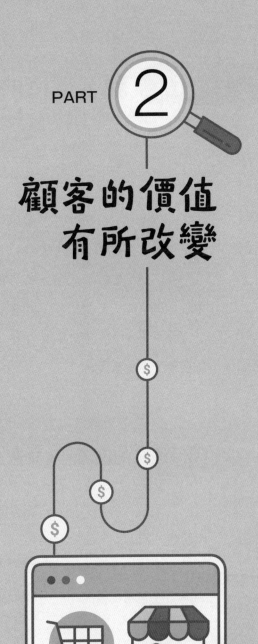

PART **2**

顧客的價值
有所改變

04 顧客價值的三個層級

　　顧客價值是什麼？該怎麼思考才好？筆者們想先用「顧客價值金字塔」的圖表來表示。

　　顧客價值在學術上的定義五花八門，有很多爭議，即便單純地問一句「自家公司的顧客價值是什麼？」，也不知道該從哪個方向來思考才對。在此，我們希望先提供一個可用於實務思考的觀點。

「連結的價值」位於最上層

　　這個金字塔並不是只有顧客價值的單一平面，而是呈現出層級式構造的想法。

　　最基礎的第一層級是「功能價值」，也就是企業提供的商品或服務具備的功能，所造就出的顧客價值。不論是日

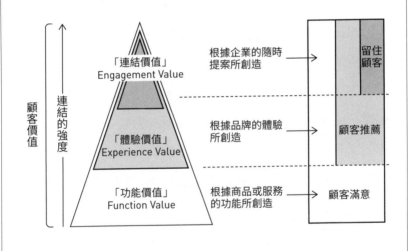

顧客價值金字塔（Customer Value Pyramid）

「連結價值」
Engagement Value

「體驗價值」
Experience Value

「功能價值」
Function Value

顧客價值

連結的強度

根據企業的隨時
提案所創造

根據品牌的體驗
所創造

根據商品或服務
的功能所創造

留住顧客

顧客推薦

顧客滿意

常用品類的商品或金融類的服務，對顧客來說，其功能都必須要讓人滿意，這是理所當然的事。以汽車來說，能流暢地啟動車子、停下車子，提供穩定的駕駛，這是汽車作為一種移動方式所造就的不可或缺的價值，而這也是讓顧客滿意的基礎。

不過，大家都知道，現在無論是什麼樣的商品服務，光靠功能價值就想獲得顧客的青睞，可沒這麼簡單。

第二層級的「體驗價值」，指的是包含商品服務送達方式在內的品牌整體、能讓顧客實際感受到的價值。例如，店面或客服中心之類的實體接觸點、網站或 app 這類的數位接觸點，或是送交到顧客家中的各種運送物品……以顧客為基礎的所有接觸點所得到的體驗（事物），必須對實現顧客價值有所貢獻才行。如果能做到這個地步，就能獲得顧客的推薦，發揮具體的影響力。

「從商品轉為體驗」是常見的口號，但很多往往只是指顧客使用的情境。如此僅是將功能價值改成一種對企業有利的說法，就實際狀況來看，純粹只是將商品拋給顧客，然後說一句「使用它，你應該會有這樣的體驗」。在顧客和企業構築直接連結的這個時代，若採取這種態度，顧客將不會產生共鳴。

假如是餐飲類的服務業，也許更能夠理解，並視之為理所當然的事。單憑「美味料理」這樣的功能價值，並不會得到好評；如果預約時或店內員工的待客方式不好，那麼顧客不向別人推薦也是理所當然的。而且，現在不只是服務業，每家企業都擁有網站、社群網路、電子商務這類與顧客的接觸點，所以，不光是商品服務，還要擬定價格設定和資訊提供等一連串的提案，接著，藉由這些接觸點，達成比其他公司更棒的顧客體驗，這絕對不可或缺。

接下來，如果企業能以數位方式與顧客直接連結，時時傳達最適合的提案，就達成了第三層級的「連結價值」。在這個階段，企業與顧客的連結最為緊密，也會以很高的機率留住顧客。例如，筆者（奧谷）所屬的食材宅配服務公司 Oisix，會根據事前的路線選擇、顧客的購買履歷、我的最愛登錄，以提供顧客所需的食材，採取事先在顧客的購物車裡放入每週食材的方法。對於顧客每週可能會買的東西，以極高的準確度做出提案，所以每消費一次，顧客持續仰賴 Oisix 的理由就會愈明確。

就像這樣，「與企業連結的價值」比顧客眼中的商品價值、體驗價值的位階還要更高，本書稱之為「顧客關係價值」，也就是「連結價值」。

以顧客為立基點來思考「數位連結」

數位革命時代下的前提是「顧客與企業構築直接的連結」，但是，若想要達成顧客與企業直接連結的狀態，就只有在「顧客主動想和該企業構築連結關係」的情況下才會發生。光是運送商品就能打造價值的時代即將結束；假如無法向顧客提出恆常性的提案，便會失去彼此之間的連結。經過日常生活的數位轉換後，與顧客的連結已從「可有可無」（nice to have）轉變為「必須擁有」（must to have）了。

請務必將你認為自家公司的品牌已成功達成的顧客價值，套用在這個金字塔上來思考看看。以下有兩個要點。

一是這個金字塔的構造。企業必須將「自家公司的顧客價值是設定在哪個層級」這一點視覺化。若能以商品或服務獲得高滿意度、確立自家品牌，光是做到這點就已經很棒了。假如能再進一步創造出店面或生活中的出色體驗，使人們想向別人推薦，便稱得上是個厲害的品牌。但許多企業，尤其是製造商，往往就在這個層級止步不前。即便是能做到出色店面體驗的零售業和服務業，往往也只是停留於顧客的「體驗價值」層級，但這樣是不夠的。現今的時代，必須以「顧客藉由數位和企業產生連結」為前提來設定顧客價值。

你們公司是否設定了這樣的價值呢？

　　二是這一切全都要以這個顧客觀點來描繪——「顧客認為的價值」。如果是經常考量到品牌的企業，應該會覺得「站在顧客的立基點來思考價值」是理所當然的事。確實，功能價值和體驗價值向來都是以顧客作為立基點，進而徹底地思考這個問題。但令人費解的是，只要一提到「與顧客的連結」，許多企業就會倒向「只要有直接的接觸點，就能圈住顧客」這種促銷的想法。請容筆者們再問一次：「與你們公司持續保持連結，對顧客而言有何價值？」

　　透過數位方式保持連結、進而從中感受到價值的主體，並不是想販售商品或服務的企業，而是享受其價值的顧客。在時時與顧客保持連結的數位時代，我們要先在腦中保有這個觀念，接著再次重新審視自己所建立的「顧客價值」。

05 Peloton ──健身企業藉由革新顧客的連結點，獲得壓倒性勝利

　　要如何設定優異的顧客價值？在此舉個企業為例。老字號的健身企業陸續傳出破產的消息，但派樂騰卻因新冠疫情而急速成長。

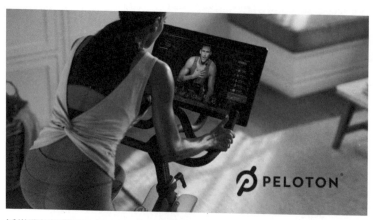

派樂騰將智慧型飛輪車定位成「與顧客連結的場所」（數位接觸點），提供隨選的健身課程（取自派樂騰網站）

派樂騰開發並販售家用的智慧型飛輪車（smart bike），
透過安裝在飛輪車上的螢幕，以訂閱的方式提供隨選的健身
課程。他們有許多當紅的明星指導員，在全美擁有超過 20
家店面和直營宅配系統，還在位於紐約的自家公司攝影棚錄
製直播內容，放上串流平臺播放。

　　這使得派樂騰在新冠疫情下的業績開出紅盤。新冠疫
情初期的 2020 年 1 ～ 3 月的結算，增加了 66％的營收，付
費會員也增加 64％（資料來源：Bloomberg，2020 年 5 月 7
日）。2020 年 7 ～ 9 月更是比去年同期多出兩倍的會員數。
接著，2020 年 10 ～ 12 月的銷售額也遠遠超出市場預期，連
帶拉抬了全期業績的預測（資料來源：Bloomberg，2020 年
11 月 6 日）。其急速成長的情況，與前面提到的破產的健身
企業形成強烈對比。

☑ 狂熱粉絲齊聚一堂，作為「社群」的企業

　　筆者們於 2020 年 1 月在紐約舉辦的 NRF（全美零售業
協會）會議中聽過該公司的簡報，接著前往他們位於紐約
的派樂騰攝影棚。眾所皆知，派樂騰擁有許多狂熱粉絲，幾

乎能以宗教來比擬，但紐約的這處攝影棚並非單純只是一處發布影片的據點，有一部分人士可直接參與明星指導員的課程。這裡成了許多用戶不遠千里而來的「聖地」，他們希望能在參加課程第一百次的紀念日這天，在這裡直接接受指導員的指導。

筆者們拜訪這處攝影棚時，真切感受到派樂騰的用戶對於顧客價值產生多大的共鳴。帶領我們參觀的嚮導是一名女性，她自己也是狂熱的派樂騰用戶，她站在自己常參加的課程指導員的影像前面，很興奮地談起指導員的事。仔細一看，螢幕中那位男性指導員留著一頭長髮和小鬍鬚，散發強大的精力，跨坐在智慧型飛輪車上，以他那鍛鍊有成的肉體展現律動感，持續以熱情的話語對參加者說話，完全沒有休息。

「妳一定辦得到」、「妳之前的努力必定會有回報」、「明天的妳會變得比現在更強大」，這些鼓勵不知道為她帶來多大的勇氣。由於持續與派樂騰保持連結，因此在平日的工作和生活中感到痛苦或難過時，便能加以跨越。她微微噙著淚水向我們道出自己的經驗談。

派樂騰所標榜的顧客價值，正是她所感受到的「Empowering People」（持續鼓舞人們）。據說創辦人有感於昔日

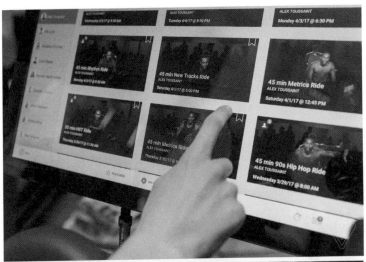

派樂騰的串流畫面，以及與攝影棚合併設立的播送據點（2020 年 1 月由
筆者拍攝）

以教會為中心的地方社群已經消失，因而想創建一個以健身為中心的社群。其顧客價值與商業模式的真諦，全都化為「Our Mission」（我們的任務），明確地轉化為言語，記述如下：

> 「派樂騰透過健身，以科技和設計與世界連結，持續鼓舞人們隨時隨地追求自己最好的狀態。」
> （Peloton uses technology and design to connect the world through fitness, empowering people to be the best version of themselves anywhere, anytime.）

派樂騰為了實現其標榜的顧客價值，將智慧型飛輪車和攝影棚連結在一起，以訂閱的方式提供具有多樣性的指導員所帶來的課程。此外，還有顯示其他參加用戶的功能，以數位方式提供一個可讓用戶彼此鼓勵、競爭的環境。店面不僅僅是販售的據點，而是用來歡迎用戶加入他們社群的通道；智慧型飛輪車的配送也不只是純粹的配送，而是為他們社群裡的 The First Day（首日）慶祝的重要接觸點。正因如此，店面和配送都是採直營或自營的方式。

換句話說，派樂騰並非單純只是「透過數位接觸點提

供線上健身課程的企業」。一切都是為了將「Empowering People」實體化，才能持續加強與顧客的連結，造就出這種「商業模式」的社群商業企業。

☑ 顧客從既有的企業轉向派樂騰的理由

當然，以線下為立基點的傳統健身房，也能強調「Empowering People」當作顧客價值。擁有數位接觸點、在線上傳送自家公司的課程，現今每一家線上健身房都有可能辦到。那麼，光靠這樣就能在顧客價值上勝過派樂騰嗎？

派樂騰擁有能時時與顧客保持連結的獨特接觸點，並構築以數位為前提的模式，完成一套能時時提出最佳課程的機制。對顧客而言，「持續與派樂騰保持連結的價值」就此實體化。相較於派樂騰，傳統健身房的顧客只有在一週幾次前往健身房時，指導員才能提供指導，其建立價值的機制截然不同。

由於新冠疫情的緣故，人們重新認識維持健康的重要性，健身就此成為一個成長可期的市場。有現成的顧客，機會便大增。就這點來看，那些破產的傳統健身企業以及派樂

騰都沒什麼改變。唯一改變的，只是顧客的選擇。哪家企業能展現出更強大的「持續連結的價值」、更確實地「達成其價值」？顧客選擇的結果，決定了企業的成敗。

接下來，我們試試看活用顧客價值金字塔，將派樂騰的顧客價值視覺化。

首先是派樂騰的「功能價值」，具體來說就是「隨選健身課程」（On Demand Fitness）。他們的實際商品服務，是以智慧型飛輪車作為連結的場所，隨時都能上課的多種健身課程。

接著是派樂騰的「體驗價值」，也就是「To be the Best Version」，指的是顧客隨時都能維持最佳狀態的一種體驗。為了實現這點，派樂騰推出「參加幾次都沒問題」的訂閱型付費模式，以及提供用戶最合適課程的推薦系統。

最後，位於最上層的「連結價值」，即是前面提到的「Empowering People」。為了實現這點，派樂騰擁有的最強大資源，就是具有多樣性的明星指導員，同時也提供一套能供用戶之間緊密連結的社群系統。

派樂騰的顧客價值金字塔

	顧客價值	企業行動
連結價值	Empowering People	· 多樣性的明星指導員 · 用戶彼此連結的社群系統
體驗價值	To be the Best Version	· 訂閱型的付費模式 · 提供最合適課程的推薦系統
功能價值	On Demand Fitness (Anywhere, Anytime)	· 隨時都能上課的健身課程 · 以螢幕連結的智慧型飛輪車

📋 請提出三問：「連結的理由是什麼？」

正因為現在是企業能與顧客直接連結的時代，因此，顧客價值不是企業站在自身的立基點所訂立的宣傳用語，而是要伴隨著對顧客的提案行動。如同從派樂騰身上所看到的，他們標榜的顧客價值並非只是普通的宣傳用語。如果他們沒能將第三層級的顧客關係價值實體化為「具多樣性的明星指導員」和「用戶之間相互連結的社群系統」，那麼，就算能達成「To be the Best Version」，也算不上是「Empowering People」。

換言之，這時候最重要的是展開思考。假如派樂騰在建立「訂閱型付費模式」和「提出最合適課程的推薦系統」後，便就此停步，那麼傳統的健身企業在搶攻這個領域後，派樂騰還能保有優勢嗎？

遺憾的是，大部分健身企業只停留在第一層級的課程的功能價值；活用數位策略搶攻第二層級的動向，並未成為主流。但是，全力投入、想達到第二層級的信念，是可以確定的。因此，這就是為什麼派樂騰會被認為以「最難模仿的明星指導員和用戶間的社群」實現了第三層級的顧客價值。

派樂騰的明星指導員的年薪約五千萬日圓（以最頂極的

指導員來說），幾乎是一般指導員的近十倍。若要以傳統健身企業的商業模式來實行這樣的薪資體系，確實有點困難。此外，派樂騰率先構築了顧客之間的社群，建立了一套系統，因而具有壓倒性的優勢，這並非一朝一夕就能迎頭趕上的。思考顧客價值，就如同思考自家公司的行動，以及思考自家公司對其他公司的競爭優勢。

為了更明確釐清「在數位社會下，顧客與我們公司連結的理由」，希望各位務必要提出以下三問。第一個問題是：使顧客想要與我們保持連結的「顧客價值」為何？第二個問題是：為了實現這個「顧客價值」，我們要採取哪些具體的提案行動？第三個問題是：其他公司有辦法模仿這個「顧客價值」嗎？

數位革命帶來的是實現「時時與顧客保持連結的狀況」，而這正是顧客價值的一種改變。一家企業是否值得連結，是由顧客來決定；如果沒有價值，即使有數位接觸點，與這家企業的連結也會就此中斷。對此，我們必須要重新有深刻的認識。

那麼，為了持續實現顧客價值，應該要開發出何種創造價值的機制，也就是商業模式呢？下一章會以「活用數位，時時與顧客保持連結」為前提，針對行銷思維展開說明。

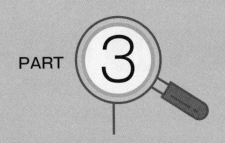

PART 3

改變行銷思維

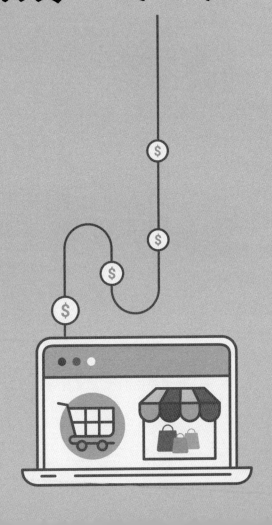

06 傳統型 4P 的弊病

🛍 亞馬遜採取「破壞業界」的一貫做法

以數位為前提的話,今後會採取什麼樣的商業模式呢?筆者們在此想提出思考方法和思考框架,藉以看出這種商業模式。

如前所述,在數位社會裡,「顧客與企業以數位相連結」是理所當然的事。若要具體呈現以此為前提的商業模式,應該要參考亞馬遜。

推出「亞馬遜 Go」的全新店面形態、名為 Alexa 的智慧音箱問世,這些年來,以線上作為立基點的亞馬遜陸續改變線下的樣貌,但我們對其真正的想法又能了解多少?在看不透的情況下,不管對亞馬遜所實現的科技和事業案例做再多的觀察,也無法有所發現,更無法活用在自家公司的經營策略上。

就像幾年前,大家看到亞馬遜 Go 時,認為「那純粹只

是藉由數位方式達到無人自動收銀」的情況一樣。當時，我們周遭出現許多對亞馬遜 Go 的批評，聽到都快膩了，大家都說：「那麼高額的數位投資，能降低多少店面營運成本？」雖然之後日本也有許多無人商店登場，但大多只是硬體方面的成果；對於其效果的期待，始終跳脫不出精簡店面人力的範疇。然而，從當時就看得出來，亞馬遜持續展開高額的投資，其目的並非只是想降低店面的營運成本。

顧客會在店內挑選什麼樣的商品，在生活中使用何種物品？亞馬遜想透過亞馬遜 Go 這個融合數位的接觸點，來掌握線下才有的龐大數據。正因如此，他們不只侷限於便利商店的領域，現在甚至搶攻食品超市、書店、住宅、藥局、美容沙龍，而亞馬遜 Go 只不過是個開端。從這樣的觀點來看，亞馬遜鎖定的商業模式應該會超越零售業界，對各種業界帶來影響。

2020 年 12 月 7 日的日本經濟新聞有篇報導，標題是「美國亞馬遜接下來將會『破壞』的九個業界」。目前顯然已有五個業界被破壞，分別是「藥局」、「中小企業融資」、「物流」、「生鮮食品」、「結帳」，另外還有四個業界，正處於接下來要開始著手破壞的階段，分別是「保險」、「智能家居」、「高級時尚」、「園藝」。一次同時計劃破

壞這麼多業界的企業，也就只有亞馬遜了。

為什麼亞馬遜能一次同時針對這麼多業界展開破壞？當然，亞馬遜現在是握有豐富資源的巨大企業，這是事實，而且亞馬遜將其強項帶進每個業界，有自己一套周全的策略，這是前提。

不過，若從商業模式的觀點來看，這些破壞業界的共通點，在於「亞馬遜以數位方式構築與每位顧客的直接連結」。不論他們想加入哪種業界、想創造出何等多樣的接觸點，全都要滿足「只要用數位 ID 就能對顧客進行認證」的前提。

或許有人會認為，什麼嘛，原來只是這樣。不過，「掌握顧客行動，將最合適的個人化提案直接送到顧客面前」，唯有堅持做到上述這點，才能辦到。亞馬遜以活用這一點的模式，闖入完全不同的業界，想藉此破壞既有業界的競爭規則。

傳統型的行銷思維

亞馬遜的行銷思維，與既有的思維之間有哪些具體的差異？我們始終都是以站在行銷實務現場的工作者身分，盡可

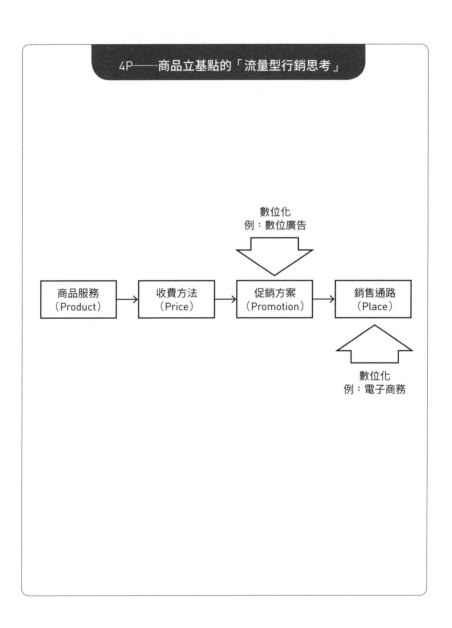

4P——商品立基點的「流量型行銷思考」

數位化
例：數位廣告

商品服務
（Product）

收費方法
（Price）

促銷方案
（Promotion）

銷售通路
（Place）

數位化
例：電子商務

能想用簡單的框架來解讀其模式。此處運用的，是稱為行銷思維基礎的 4P ——產品（Product）、價格（Price）、連結點（Place）、促銷（Promotion）。

首先是既有的行銷思維，說得誇張一點，就是「製造好的商品，設定有競爭力的價格，展開不同於其他公司的促銷，在顧客便利性高的店內，擺在位置好的貨架上」。這呈現出許多製造商與零售商的關係，而且就算是服務業，從商品（商品服務）的角度來思考也是很自然的事。

我們將這種行銷思維稱作「流量型行銷思維」。這種思考是推動型思維，也就是「產品為王」（Product is King），對銷售通路的連結點進行價值轉移。雖然時代有所進步，但這仍是許多企業奉行的行銷思維模式。

如果不改變這種思維，就直接投入數位化，會發生什麼事？很容易聯想到的，是連結點（銷售通路）的數位化，也就是電子商務的銷售通路。這時候會視之為電子商務開發，或是包含促銷在內的電子商務行銷領域，進而全力投入。

接著投入的是促銷（促銷方案）的數位化，具代表性的例子是數位廣告這類的方法，像是既有的數位行銷或數據行銷，指的大多是這些數位促銷。活用數據的著眼點，在於「如何有效掌握顧客、留住顧客、銷售商品」。

從這些活用數位的思考方式中可得知，商品（商品服務）和價格（收費方法）都被視為條件，前提是數位化不會改變其開發和設定。如果這能稱為「行銷數位化」，那麼以往的數位行銷只會擁有「數位帶來的促銷以及連結點的效率化」這樣的狹義，但這不是亞馬遜所要的模式。

　　對於停留在這樣的思維之中、想投入數位化的企業，筆者們想問的是：「假如高效的數位化能帶來促銷與銷售，就能防止亞馬遜對業界帶來的破壞嗎？」舉例來說，亞馬遜參與其中的業界都會發生一件事，那就是「收費方法的破壞」。亞馬遜擁有「Prime 會員」這種強大的顧客基礎，還提供種類多樣的特典。這明顯是對顧客做出區分，同樣的商品服務，會因顧客不同而用不同的價格來提供。就算自家公司能取得勝過亞馬遜的促銷和連結點（這似乎也相當困難），但也同樣能提供勝過亞馬遜的優惠價格嗎？

　　「不，正因如此，我們才要磨練品牌、磨練商品。」這種說法一點都沒錯。但要是亞馬遜取得「在自家公司製造的能力」或「籌措能力」，進而在互相競爭的場域裡推出他們自己的商品，那會變得如何？要是再附上強效的 Prime 會員特典，又會變得如何？這麼一來，你磨練的品牌還能維持下去嗎？

以前，有一家點心製造商的經營者曾問過員工：「要是亞馬遜自己做點心的時代來臨，必須思考我們該怎麼做才好。」這個提問在當時聽起來或許會覺得突兀，但現在則充滿真實感。亞馬遜以 Alexa 為基礎，在住家或車內、顧客生活中的所有時間裡，都有他們的連結點。現在，亞馬遜更進一步在食品領域上有能力掌握顧客需求，展開多樣的自有品牌；在美國等地，甚至還設立了各種自有品牌齊備的巨大食品超市。因此，有誰敢保證「亞馬遜不可能會依照數據來製作食品」？

　　更重要的是，亞馬遜應該不是本著「要做什麼樣的點心」這樣的商品立基點來思考，而是透過其他公司所沒有的、強力又廣泛的顧客連結點，來思考「能為每個顧客提供什麼樣的點心體驗」。因為在以數位為前提的商業模式下，最重要的是提升顧客終身價值（Life Time Value; LTV），為了達成這個目的，「就連商品也會因應顧客需求而隨時改變」。換句話說，這位經營者的提問，意思是：「假如那是一種前所未有的美好體驗，顧客是否仍會像以前一樣專程去到店面，只為了購買商品？」他希望員工們跳脫出「以商品為立基點」的思維。

07 顧客關係 ╳ 4P

☑ 數位時代的行銷思維

　　亞馬遜想帶進各種業界的，是「與顧客的連結作為立基點的商業模式」，如下頁圖所示。這是筆者們在前一部著作《為什麼亞馬遜要開實體商店？》裡提到的「顧客關係 4P」。

　　這個模式的基本思維，是「透過活用數位的獨特顧客連結點（Place），構築與顧客的連結（Engagement），據此達成最合適的個人化商品服務（Product）、收費方法（Price）、促銷方案（Promotion）」。我們稱之為「循環型行銷思考」。

　　以往，行銷思維的連結點是以商品和價格為條件，有時是以促銷為條件，但通常都是從頭到尾以「如何擴展銷售通路」的觀點來思考。然而，若將社會的數位化視為「能隨時

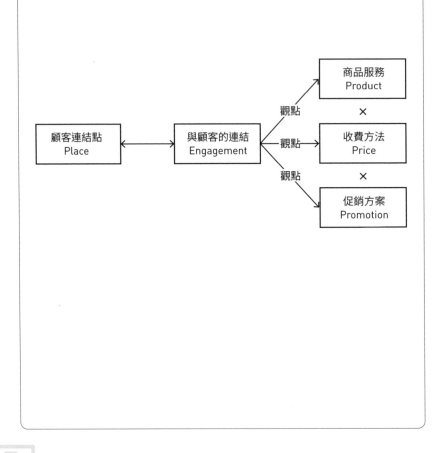

顧客關係4P（Engagement 4P）──
與顧客連結的立基點「循環型行銷思考」

顧客連結點
Place

與顧客的連結
Engagement

觀點

商品服務
Product

×

觀點

收費方法
Price

×

觀點

促銷方案
Promotion

與顧客保持直接連結的社會到來」，那麼連結點就不再只是單純的銷售通路，而是會成為最前線，能創造出與顧客的連結。顧客關係 4P 的框架就是展現這個原理。

因此，本書是將 Place 解釋為「顧客連結點」，而不是銷售通路；因為現代的 Place 未必就是以販售為前提的店面。

舉例來說，像是亞馬遜 Echo 那類的物聯網（IoT）智慧音箱就是一種連結點，這種顧客連結點存在於日常生活中，雖說是用來聽音樂，但隨時都能切換至購買頻道，無縫接軌。由於也包含這種顧客連結點在內，因此有必要重新解釋 Place 所代表的意涵。

📑 資料系統與 CRM 計畫

讓這套模式進化的框架，就是接下來要談的「顧客關係 4P 第二版」，這是從既有的顧客關係 4P 變化而來的，其中兩處有所更動。

一是加上了連結 Place 和顧客價值的「資料系統」（Data System）及「CRM 計畫」（顧客關係管理計畫）。所謂的資料系統，指的是用來了解顧客的線上顧客 ID 以及與它串聯

顧客關係 4P 第二版

透過活用數位的獨特顧客連結點（Place），構築與顧客的連結（Engage-ment），再根據對顧客的理解（Data System），持續展開最合適的個人化商品服務（Product）、收費方法（Price）、促銷方案（Promotion）等提案（CRM Program）。

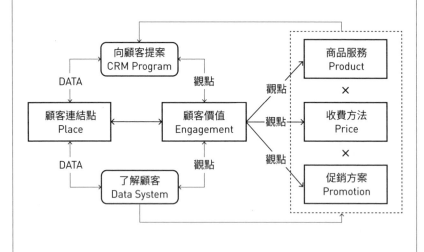

的顧客行動資料活用系統。

　　試以亞馬遜為例來說明。亞馬遜原本就是線上商店起家，所以這兩者他們都有。藉由讓這套資料系統變得更強大，他們認證了每一位顧客，掌握了顧客在各個 Place 的選擇、購買，甚至是使用後的評價。接著，再根據這些資料，對商品服務、收費方法、促銷方案做最適合的調整，以一套涵蓋性的 CRM 計畫，即時向顧客提供建議。

　　亞馬遜最厲害的顧客連結點，便是 Amazon.com。這是銷售通路，同時也以商品齊備的貨物數量來構成強大的顧客連結點，引發顧客在亞馬遜內搜尋一切所需商品的行為。亞馬遜還進一步結合亞馬遜 Go、Whole Foods 等實體店面以及亞馬遜 Echo，作為顧客連結點。這些連結點之間愈緊密，顧客愈能享受到亞馬遜「什麼都有」的顧客價值。也就是說，Place 本身能展現亞馬遜整體的顧客價值，成為與顧客緊密連結的立基點。

　　以亞馬遜的例子來說，「什麼都有」這件事就是顧客價值，所以產品當然不會是固定的。亞馬遜在提供多樣化商品的同時，也提供「隔日配送」這類極具破壞性的服務。他們基於 Prime 會員的收費方法，提供有差別的服務；以亞馬遜收購的 Whole Foods 來說，店內販售的食品也同樣採 Prime 會

員價格。

亞馬遜的促銷手法，是線上商店裡早就為人所熟知的「看了此商品的人，也看了⋯⋯」或是「買了此商品的人，也買了⋯⋯」這類即時的個人化資訊。如果在實體店面應用這套系統，那麼顧客在採買時，便會像在線上商店一樣，「那個蔬菜適合搭這種調味醬」、「這款酒適合搭那種零嘴」這類的相關資訊馬上就會出現。

換句話說，「透過活用數位的獨特顧客連結點（Place），構築與顧客的連結（Engagement），再根據對顧客的理解（資料系統），持續展開最合適的個人化商品服務（Product）、收費方法（Price）、促銷方案（Promotion）等提案（CRM 計畫）」。這便是顧客關係 4P 第二版，展現出以數位作為前提的思考模式，也是亞馬遜看準的商業模式。

顧客關係 4P 第二版的另一個改變，是將顧客關係從「與顧客的連結」改為解讀成「顧客價值」。正如同顧客價值金字塔所示，因為顧客關係才是應該擺在顧客價值的第一優先位置。列舉出亞馬遜率先展現的商業模式要點後，便能整理出相當於顧客關係 4P 的以下四點。

1. 明確擁有顧客眼中的「連結價值」（Engagement）

2. 擁有以數位為前提的顧客連結點（Place）

3. 擁有認證每位顧客的數位 ID 、資料和系統（Data
   System）

4. 對每位顧客做出最適合且最直接的提案，展開顧
   客關係管理（CRM Program）

這套模式在線上可說是理所當然的，如今亞馬遜將它導
入線下的業界，想改變既有業界的競爭規則。請想像一下，
前面提過，在亞馬遜想要破壞的藥局、中小企業融資、物
流、生鮮食品、結帳、保險、智能家居、高級時尚、園藝等
業界，當亞馬遜實現這套商業模式時，業界會變成什麼模
樣，而業界的競爭規則又會如何變化呢？

☑ 派樂騰的顧客關係 4P

事實上，並非只有亞馬遜發現這種模式的破壞力，前面
提過的派樂騰，也將這套與顧客的連結所產生的新模式，帶
進依舊故我的健身業界中。若以顧客關係 4P 來展現派樂騰
的商業模式，大概是像下頁圖所示。

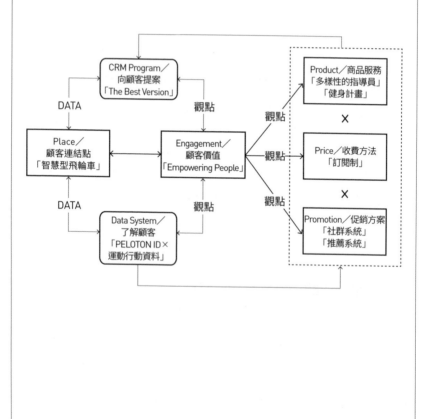

派樂騰的顧客關係 4P

CRM Program／
向顧客提案
「The Best Version」

DATA

觀點

Place／
顧客連結點
「智慧型飛輪車」

Engagement／
顧客價值
「Empowering People」

DATA

觀點

Data System／
了解顧客
「PELOTON ID×
運動行動資料」

觀點

Product／商品服務
「多樣性的指導員」
「健身計畫」

×

Price／收費方法
「訂閱制」

×

Promotion／促銷方案
「社群系統」
「推薦系統」

觀點

觀點

觀點

派樂騰的智慧型飛輪車不僅僅是一種商品，也能解讀成是創造與顧客之連結的連結點。一輛智慧型飛輪車約 20 多萬日幣，但派樂騰顯然不是視之為商品（Product），而是作為與顧客的連結點（Place），透過智慧型飛輪車給予顧客一個 ID，以掌握顧客的運動數據資料。為了符合每一位顧客的需求，根據這份資料所提供的商品，是各式各樣的運動計畫。當中有性格多樣的眾多指導員，也備有直播和資料建檔。派樂騰多樣化的指導員們，各自有其死忠粉絲，是將派樂騰與顧客緊密連結在一起的重要核心角色。

　　Price 則是使用這套運動計畫所收取的訂閱金。一個月39 美元的價格，還可以盡情使用，與線下的健身房價格相比便宜許多。也就是說，雖然引進器材的成本高，但後續成本低。派樂騰採訂閱制，這對於提高用戶的使用頻率來說，能有效地發揮功能。

　　所謂的促銷，是根據對顧客的了解，將社群的連結與下一個推薦計畫當作資訊，進而向顧客提案。

　　這些商品、價格、促銷，能實現「To Be The Best Version」，作為最適合顧客的提案（CRM 計畫），送到顧客面前，就此形成循環。

「與顧客的連結」是競爭的原因

　　如果不以數位為前提來改變商業模式的機制，在現今相互搶奪「顧客連結」的競爭中，根本無法與其他企業抗衡。目前各個業界正以數位為前提，重新評估自身的商業模式。除了亞馬遜和派樂騰之外，在各種不同的業界中，也有想使用這種模式來破壞業界競爭規則的競爭者，紛紛在國內外登場。這些企業藉由活用 app 或家中的物聯網設施等數位顧客連結點，從而更加了解顧客，摸索進一步與顧客建立緊密連結的方法，以構築商業模式。

　　有一些企業並非來自既有業界、但想引進這種模式展開全新競爭，也有一些企業是身處在既有業界內，欲挑戰這種新型模式變革。尤其是後者，以筆者們的經驗來看，這是源自於經營高層的危機感，名為「數位計畫」或「DX 計畫」（數位化轉型計畫），聚焦並全力投入於「創造數位革命時代的新商業模式」。然而，雖然他們全力投入，卻往往看不到追求的目標。

　　這時候如果有一定的框架，就能成功扮演好「鏡片」的角色。在同樣的鏡片下，俯瞰不同業界和經營情況的各種企業案例，先把要點抽象化後，再加以理解，接著再化為具體

採用顧客關係 4P 的思考法

公司是否擁有和顧客建立連結的商業模式？在數位時代下，關於商業模式的各種要素，公司必須試著自問自答做到了哪一項，或者想怎麼做。

Q1. 對顧客而言，「持續與我們公司保持連結的價值」是什麼？

Q2. 是否擁有任何一種能提供體驗的顧客連結點？或者想擁有嗎？

Q3. 曾做過什麼樣的商品服務提案？或者想提案嗎？

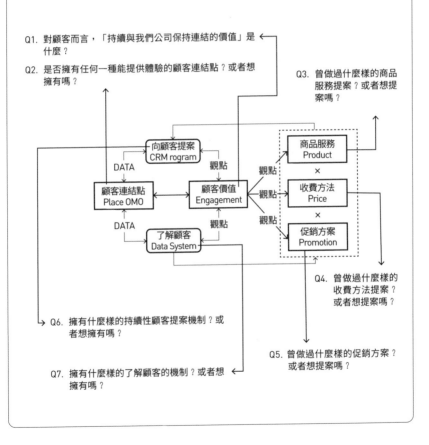

Q4. 曾做過什麼樣的收費方法提案？或者想提案嗎？

Q5. 曾做過什麼樣的促銷方案？或者想提案嗎？

Q6. 擁有什麼樣的持續性顧客提案機制？或者想擁有嗎？

Q7. 擁有什麼樣的了解顧客的機制？或者想擁有嗎？

形象，套用在自家公司的行動中。

　　接下來，會以顧客關係 4P 第二版的模式來檢視日本國內的企業案例，看看哪些企業想將新模式帶進既有業界裡，又有哪些企業身處在既有業界裡、欲挑戰全新模式變革，以及他們分別是採取何種策略。

PART **4**

改變商業模式

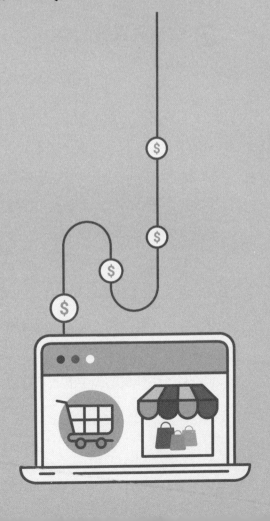

08 YAMAP ──從「與顧客連結」來思考產品的登山app企業

📋 在沒有訊號的深山中 ，一樣能顯示地圖的app

　　YAMAP 正是以數位為前提，想將新的商業模式帶進既有的業界中，以改變競爭規則的企業之一。這是一家提供手機登山地圖 app「YAMAP」的新創企業，由春山慶彥於 2013 年創立。YAMAP 並非單純只是提供 app 的企業，他們很穩健地練就一身破壞戶外活動業界的商業模式的力量，app 的下載數已於 2021 年 11 月時突破 280 萬次。日本國內的登山人口號稱多達 680 萬人左右，YAMAP 與其中四成以上的人構築了直接的連結，現在仍展現驚人的成長。

　　對登山者而言，地圖是必需品。手機上也有地圖 app，但在收不到訊號的山中無法下載資料，所以無法顯示地圖。

YAMAP 的登山地圖 app（YAMAP 提供）

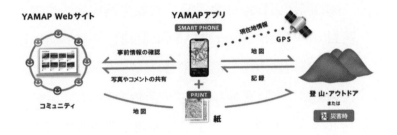

YAMAP 的機制（YAMAP 提供）

不過，由於位置資訊是靠 GPS 功能來掌握的，因此，在空白的畫面中只會顯示自己所在位置的一個點。

注意到這點的是 YAMAP。只要事先將地圖下載到手機裡，讓 GPS 掌握到的位置資訊與這份地圖重疊，如此一來，即便是在收不到訊號的地方，一樣能知道自己現在的所在位置，就是這樣的機制。現在，連同鄉下地區的山林包含在

內，YAMAP 已涵蓋 21,000 座以上的山林，就算是在國外的山上也能使用這項功能。

在登山時遇上山難的情況相當多，據說 2019 年，日本國內約有 3,000 人遇難，當中 30 ～ 40％是因為迷路。只要使用 YAMAP 知道自己的位置，就能避免遇難。

此外，為了能安全且安心地登山，YAMAP 於 2019 年 7 月發布了「守護功能」。這個功能是指，當下載了 YAMAP app 的登山同好與你擦身而過時，就能交換彼此的位置資訊，將對方的資訊傳送到 YAMAP 的伺服器上。透過這項功能，萬一之後遭遇山難，便能得知最後確認的地點，可大幅縮小搜索範圍，因為遭遇山難的搜索活動，是與時間競賽。自從發布「守護功能」之後，已在多起山難事故中派上用場，拯救了受災者的性命，貢獻不小。

在線上和線下構築與顧客的連結

YAMAP 提供的功能，不光只有地圖。除了能記錄自己行經的路線和標高之外，也能將拍攝的照片轉為相簿，所以現在已成為「像人生的登山日記般的 app」（引用自 YAMAP

養老山地全縦走(養老町沢田～...
養老山・里ヶ岳・三方山(岐阜、三重)
2021.11.06(土)　日帰り
幸

紅葉の先には絶景の郷!、クズ...
大熊山・クズバ山・中山(富山)
2021.11.04(木)　日帰り
aqua

葯ヶ岳-2021-11-7
葯ヶ岳・弟見山(山口、島根)
2021.11.07(日)　日帰り
hama

おおよそ丹沢主脈縦走～秘境...
丹沢山(神奈川、山梨)
2021.11.06(土)　日帰り
ひばば

YAMAP 的登山日記功能（YAMAP 提供）

行銷經理小野寺）。在擬定登山計畫時，也能根據其他用戶的紀錄來確認天候和危險資訊，例如可以事先得知「因為降雪，所以需要這種裝備」等資訊。

　　此外，用戶也能在網站上與其他人分享自己的活動紀錄、公開在登山活動中使用的裝備。登山裝備同時也是保護性命的裝備，對於好的裝備擁有相關知識、擁有適合自己的裝備，確實能提高登山的安全性。愈常使用自己的裝備，也會愈喜歡，如此一來，登山會變得更快樂，就此形成良性循環。

　　耐人尋味的是，YAMAP 雖是數位出身的企業，卻很重視在線下方面與顧客對話的連結點，其中一項是包含電話對應在內的「客服」。YAMAP 的春山社長說：「打從創業的時候開始，我便一直將『客服』定位為我們事業中最重要的事項。」

YAMAP「大家的裝備」（YAMAP 提供）

　　據說當時一個月會有將近 100 通電話，都是由春山社長親自接聽，之後再交由專屬工作人員進行電話服務，大約長達七年之久。顧客撥打客服電話時所提供的意見，被視為全公司最重要的事項，現在也是由全公司的人共享。如今因為改成遠距工作，加上智慧型手機的操作愈來愈普及，他們也暫停電話服務，但如果有人提出要求，就會到山岳協會舉辦講習。他們至今仍很重視線下的對話。

　　此外，在發布新功能時，開發團隊會和客服一同合作，進行面對面的用戶測試。將用戶的意見反映在商品上，正可說是和用戶一起讓服務進化。

　　春山社長說：「我們沒有品牌力，也不是什麼大企業。

這樣的企業提供登山地圖這種攸關性命的重要資訊,能得到用戶多少的信賴呢?為此,我認為要多走近顧客,盡可能以近距離的肉搏戰來一較高下。看看有哪裡做得不好,或是有什麼需求,讓有話想說的人直接與我們聯絡。只要肯和我們聯絡,我們便能直接傳達想法,做出承諾和對應。這麼一來,對方就會感受到『他們很認真在做這件事』。站在用戶的立場來看,如果透過和自己的對話,YAMAP 能變得更好,就能在『我和 YAMAP』之間建立起比之前更好的關係,進而替我們推廣給其他用戶。要實際做過之後,才會明白客服的優異之處。」

「顧客的意見對企業而言是最大的資產」,這是很常見的一句話。不過,真正加以實踐的企業卻很少,而將之提升為競爭力的企業更是少之又少。YAMAP 明白顧客連結點就是構築公司與顧客之間的連結,因此很徹底地加以實踐。

另一個線下的顧客連結點,是稱為「YAMAPER 會」的網聚,由用戶自行組成。雖然因為新冠疫情的緣故,什麼都無法舉辦,但 YAMAP 用戶會稱自己為「YAMAPER」,大家在日本全國的各都道府縣聚在一起,舉辦交流會。在疫情前,筆者們參加過的某場聚會中,聚集了上百人之多。有些人是攜家帶眷前來,在這裡邂逅的同好們,YAMAP 也會將

他們連結在一起。

　　令人驚訝的是，聽說這些聚會「全都是用戶自行舉辦」
（引用自春山社長）。春山社長和 YAMAP 的員工也會參加，
不過，他們算是受主辦的用戶邀請而前來參加。一切都是因
為 YAMAP 並非僅僅只是一家地圖 app 企業；他們追求的目
標是每位登山者都希望的「安全且安心地登山」，並為自家
企業做出這樣的定位。

根據與粉絲的連結 ，展開電子商務事業

　　藉由這樣的投入，確保與顧客建立緊密的連結後，
YAMAP 開始進軍電子商務事業「YAMAP STORE」，目前販
賣登山裝備等眾多商品。2021 年時，還在總公司的大樓裡設
立讓粉絲聚集的實體商店。這裡發揮了展示廳現象的功能，
顧客可以一邊接受款待，一邊實際拿起商品觀看，也能在電
子商店購買中意的商品。

　　YAMAP 會透過顧客 ID，掌握線上及線下的顧客大部分
的行動，例如事前擬定了哪些登山計畫、要攀登什麼山脈、
之後寫了什麼樣的日記發文等等一連串的顧客行動。換句話

YAMAP STORE（YAMAP 提供）

說，YAMAP 原先既非登山 app 製造商，也沒有從事電子商務。他們著重的是透過與顧客的連結，提供絕佳的登山體驗，而在那之後的社群生意才是 YAMAP 的根本。不過，他們也在商品服務的開發上，造就出無限的機會。

不斷增加「謝謝 YAMAP」的商品提案

根據與顧客之間構築的連結，以了解顧客的行動，開發

最適合的商品服務；透過與顧客的連結點，直接且即時地做出提案。在許多顧客因為新冠疫情而無法隨意外出的那段時間，YAMAP 發揮了這套模式的強項。

由於登山會有感染新冠肺炎的風險，也因為這樣的認知十分普及，導致登山的人大幅減少。登山行動的減少，對於與登山息息相關的 YAMAP 而言，可說是面臨了很大的經營危機。

儘管如此，YAMAP 仍然沒有停止關注顧客的行動。結果發現，「根據我們手邊掌握的 280 萬名用戶所在位置的資料來看，在新冠疫情初期，用戶並不是安排『去遠處的山脈兩天一夜的行程』，而是『在附近的小山當天來回』，我們就此掌握到這種行動改變的徵兆」（引用自小野寺）。

當然，在那個時間點，他們尚且不知道這個徵兆具有多麼強大的力量。不過，比其他公司更早掌握這個變化的 YAMAP，已預測到「暢銷的背包，或許會變成適合爬小山、當天來回的小容量背包」。根據這項預測，他們馬上保留小型背包的商品庫存，透過 YAMAP STORE，直接向顧客提出購買建議。

結果，日後改為攀登小山的走向變得十分明確，而商品庫存充足的 YAMAP，在小型背包的販售數量上比預期目標

高出五倍。

　在商品銷量低迷的新冠疫情下，有一部分的網購公司一味地向顧客寄促銷郵件，或是一再地打推銷電話。然而，YAMAP 對顧客資料展現的態度，就本質來說，與這些公司截然不同，也正是因為如此，才帶來了成果。YAMAP 並不是用顧客的資料來追著顧客跑，而是了解「顧客現在要的是什麼」；他們為了做出最適合的提案，而加以活用這點。正因為了解顧客，YAMAP 才能不斷做出讓顧客覺得有價值的提案，創造出良性循環。

　根據顧客資料來提案的這種態度，不光展現在電子商務的商品上，也活用在 YAMAP 的原創商品中。「YAMAP 登山保險」便是其中一個例子。

　YAMAP app 需要事先下載地圖，用戶會帶著這份地圖登山，所以 YAMAP 可以做出「下載地圖＝接近登山日」的預測。因此，他們會鎖定用戶下載地圖的時機，設定登山保險的彈出式廣告。沒有登山的需求時，用戶要是一再看到保險廣告，會覺得不堪其擾，但如果是預定要登山前的小提醒，對顧客來說反而有價值，而這也促成不少用戶表達「『謝謝 YAMAP』的感謝之意」（引用自小野寺）。

　在 YAMAP 登山保險方案中，投保的天數能以一天為單

2. 日付を選択

1日単位での加入はレスキュー保険（単体）のみ可能です。

開始日

2021.02.15　　　〜　　　終了日

2021.02.15

※警察への連絡が翌日以降になる場合を想定して＋1日を推奨しています。

保険料 280円

YAMAP 登山保険（YAMAP 提供）

位，因為民眾後來改為攀登小山，只投保一天的投保者有增加的傾向，這些都顯示在顧客資料中。不過，發生山難事故時，家屬提出搜救申請的時間往往都是晚上、警察在隔天早上才展開行動的案例相當多。因此，在保險費試算的畫面中會提醒顧客：「請設想在隔天之後才跟警方聯絡的情況，建議多加一天。」

因為附上這段文字，顧客才得以想像自己遭遇事故被人發現前的情況，為了求自己心安，便會先提出申請。這也會讓登山者自行思考因應對策，提高他們在這方面的意識，例如多準備一些食物等等。實際比較加入這段描述的前後差異後發現，投保的天數出現很大的變化。

另一方面，對 YAMAP 來說，這也會促成銷量增加。不是只投保一天，而是增加了投保兩天的案件數量，雖然只有50 日圓的差異，但販售的單價就提高了 20％。正因為與顧客有直接的連結，所以可以很肯定地說「要增加 20％ 的簽約者不容易，但要透過對顧客的提案來提高 20％ 的銷售單價，則很容易辦到」（引用自小野寺）。

此外，YAMAP 的原創商品也有登山衣等產品。YAMAP 本身並沒有相關的製造設備和人才，但 YAMAP 知道 280 萬名顧客是使用什麼樣的商品、想要什麼商品、對什麼商品有

YAMAP（ヤマップ）
うなぎの寝床コラボ ヤマフロシキ 山やまヤマ
¥2,860 (税込)

YAMAP（ヤマップ）
うなぎの寝床コラボ ヤマフロシキ あなたの山
¥2,860 (税込)

YAMAP（ヤマップ）
【送料無料】山で飲みたいコーヒー/こもれび (デカフェ)6個入り/コーヒーバッグ
¥1,458 (税込)

YAMAP（ヤマップ）
久留米かすりサコッシュ しま/ゴールド/UNISEX
¥5,073 (税込)

YAMAP（ヤマップ）
久留米かすりマウンテンパンツ無地/カーキ/UNISEX
¥20,167 (税込)

YAMAP（ヤマップ）
久留米かすりマウンテンパンツ無地/ネイビー/UNISEX
¥20,167 (税込)

YAMAP（ヤマップ）
久留米かすりショートパンツ無地/ネイビー/UNISEX
¥12,980 (税込)

YAMAP（ヤマップ）
久留米かすりショートパンツ無地/カーキ/UNISEX
¥12,980 (税込)

YAMAP 推出的原創商品（YAMAP 提供）

好評。他們採用久留米白點花紋布的傳統工藝，製作原創服飾等商品，並開始在網站上販售。若以 YAMAP 對顧客的了解作為基礎，活用與其他公司的結盟，便很有可能基於具備靈活彈性的顧客立基點來製造商品。

企業的銷售額，始終都是對顧客提案的總合，而不是取決於到處追著顧客跑的效率性。是否能真正理解並加以實踐，在這個與顧客直接連結的時代，將會如實地顯現在企業行銷行動的差異上。像 YAMAP 這種站在顧客立基點來活用顧客行動資料的方法，堪稱是數位時代的行銷該追求的模範。

推動付費會員制的價格提案

YAMAP 站在顧客的立基點來提案的態度，也顯現在價格提案上。YAMAP app 基本上是免費的，但免費會員和付費會員（YAMAP Prime）能使用的功能有差異，付費會員在 app 上能保留的地圖數目及照片的上傳數量並無限制。當用戶下載免費額度以外的地圖時，從這種行動可以預測用戶正在對許多高山進行比較，處於興致高昂的狀態。掌握這個時

機、引導用戶升級，對顧客來說也會是有價值的提案，而且能一口氣大幅推動付費會員制。

小野寺將 YAMAP 與顧客的連結視為立基點，描述它所帶來的價值：「『要不要投保登山保險』、『要不要成為付費會員』這類的引導，是企業自己一廂情願的溝通，稱不上是為顧客著想的提案。不過，只要遵照對顧客行動的理解，做出即時的提案，甚至會讓顧客心存感謝。藉由即時傳達出顧客的盲點，我們收到許多『YAMAP，謝謝你告訴我』這樣的回饋。正因為是與顧客直接連結，所以要是沒能向顧客做出有價值的提案，我們就沒有存在的價值。了解顧客後，立即反映在商品服務和收費方法上，這是理所當然的事，正因為有 YAMAP 這種徹底以顧客作為立基點的行銷，才能強化顧客與 YAMAP 之間的連結。」

☑ 以用戶投稿照片建立出高人氣內容

YAMAP 與顧客之間的連結，對於即時提供四季山林的內容也有所貢獻。2020 年，他們開發出「即時紅葉監控」功能，在紅葉季時能馬上知道全國各地紅葉的狀況，並在這項

功能中充分活用了用戶投稿的照片。

就算 YAMAP 再怎麼想傳達即時的資訊，若要即時取得全國的紅葉資訊，光靠自家公司是不可能的。不過，藉由用戶投稿到 YAMAP 的紅葉資訊照片，以及隨附的「往下走到湖畔後，發現還有紅葉」、「登山口還有紅葉殘留」等留言，從中加以擷取，就能提供這項服務了。

YAMAP 活用與顧客的連結，構築出這套模式，以用戶投稿的這股外力創造出新的服務，同時也帶來能促進顧客活動的資金。

YAMAP 即時紅葉監控（YAMAP 提供）

「連結人與山」的顧客價值

　　YAMAP 更進一步於 2021 年發表了新的忠誠度計畫「DOMO」，這不是「與購買量呈等比的集點制度」，而是「與行動呈等比的忠誠度計畫」。顧客「前往山林」的行動會成為回饋的對象，儲存在 DOMO 裡，可用來進行植林或登山道路的維護。也就是「自己的登山行動有助於山林的重生」，身為愛護山林的登山者，能產生最棒的良性循環。

　　DOMO 提供顧客為什麼使用 YAMAP 的好理由，在強化 YAMAP 與顧客的連結上有決定性的影響。與單純只是提供商品折扣的集點制度相較之下，在本質上截然不同。YAMAP 提出的顧客價值，就真正的意義上來說，轉變為實體價值。

　　若以顧客價值金字塔來表示，情況如下頁圖。

　　YAMAP 是登山 app，所以實現「安全且安心地登山」會是最基本的「功能價值」，但如果只有這點，其他的登山 app 也同樣具備，不過，關於這個最基本的價值，只要看企業的行動就能明白，因為 YAMAP 還提供登山保險和守護功能等出色的服務。

　　話雖如此，倘若只有地圖 app，其他公司倒也不是模

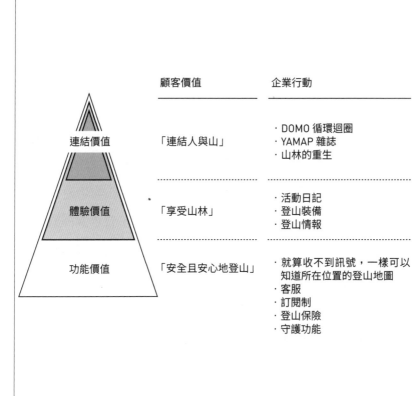

YAMAP 的顧客價值金字塔

	顧客價值	企業行動
連結價值	「連結人與山」	・DOMO 循環迴圈 ・YAMAP 雜誌 ・山林的重生
體驗價值	「享受山林」	・活動日記 ・登山裝備 ・登山情報
功能價值	「安全且安心地登山」	・就算收不到訊號，一樣可以知道所在位置的登山地圖 ・客服 ・訂閱制 ・登山保險 ・守護功能

仿不來。但是，YAMAP 透過活動日記、登山資訊，以及運用電子商店來販售登山裝備，藉此實現「享受山林」的價值，並將之視為更高層級的「體驗價值」。這些企業行動正是 YAMAP 與其他登山 app 有所差異的重點，就其他公司來看，要模仿的困難度相當高。

位於金字塔最上層的領域，是「連結人與山」，也正是 YAMAP 主張的「連結價值」。為了這個目的，在企業展開的行動方面，他們有一個用戶之間相互連結的社群，就此進一步實現 DOMO 循環迴圈。走到這一步，與顧客的連結就會變得無比牢固，其他公司若要模仿絕非易事。

從中可以明白，YAMAP 主張的顧客價值並非單純只是情緒性的歌頌文句，而是商業上的生命線。不管企業再怎麼想要時時和顧客保持緊密連結的關係，假如沒有展開具體的提案行動，對顧客來說，與這家企業連結便沒有意義。登山 app 是攸關登山者性命的服務，同時也將時時隨著季節變換的山林與登山者連繫在一起。YAMAP 了解自己的顧客價值本質，並將之化為實質的形體，十分確實地一再累積這樣的行動。

📑 YAMAP 的商業模式與競爭力

筆者在此試著以顧客關係 4P 來描繪 YAMAP 採取的策略。

YAMAP 的顧客連結點相當多樣，不只有 YAMAP app、YAMAP 網站、電子商店等數位顧客連結點，還設有客服、「YAMAPER 會」等實體的顧客連結點。這些顧客連結點全都能作為「連結人與山」的場所，發揮其功能。

YAMAP 透過獨特的顧客 ID，掌握從這些連結點得到的資訊，將它們當作登山行動資料。基於對顧客的了解，開發出登山地圖、登山保險、守護功能等商品服務，以及訂閱型收費模式、活動日記、DOMO 循環迴圈，進而即時向顧客提案。

不光是和山林有關的資訊，如果也能為獨特的商品服務和收費方法打造最適合的設計，向每位顧客提案，YAMAP 就能進一步吸引人們走向登山的世界。這會讓 YAMAP 打造出的環境更加活絡，強化他們與顧客之間構築出的連結，產生良性循環。

關於這樣的循環，小野寺說道：「280 萬次的下載數中，有 50 萬人平均一個月會打開一次 YAMAP app。如果是菜單之類的 app，一天之內就會有三次的接觸點，但登山 app

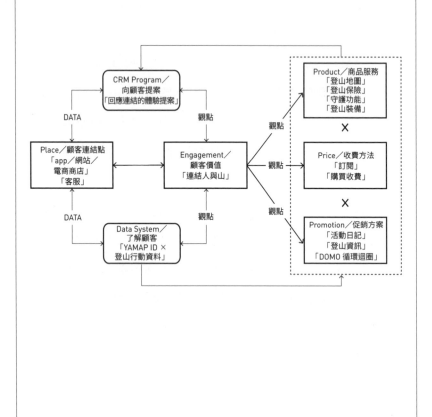

YAMAP 的顧客關係 4P

CRM Program／
向顧客提案
「回應連結的體驗提案」

DATA

觀點

Place／顧客連結點
「app／網站／
電商商店」
「客服」

Engagement／
顧客價值
「連結人與山」

DATA

觀點

Data System／
了解顧客
「YAMAP ID ×
登山行動資料」

Product／商品服務
「登山地圖」
「登山保險」
「守護功能」
「登山裝備」

×

觀點

Price／收費方法
「訂閱」
「購買收費」

觀點

×

觀點

Promotion／促銷方案
「活動日記」
「登山資訊」
「DOMO 循環迴圈」

卻沒辦法。因此，這一個月一次的連結點非常重要。在有限的時機內，要提供多少資訊，才能讓用戶喜歡 YAMAP、願意使用呢？正因為登山人口和機會都有限，所以才會想要保有更緊密的關係。倒不是需要既有的屬性資訊或購買資訊，而是要盡可能早點取得、加以分析『顧客行動的第一手資訊』，以因應最新的顧客行動來改變策略，這正是 YAMAP 的真正本領。反之，如果做不到這點，與既有的登山 app 販售服務就不會有多大的不同，也不會帶來什麼劃時代的改變。要著重於第一手資訊，並不是分析數字，而是分析顧客的動向，將它活用在提案上。我認為這是藉由數位與顧客產生連結，以此作為立基點的商業模式的核心。」

若從既有的戶外活動品牌企業的角度來檢視 YAMAP 打造的策略，便顯得無比新穎。YAMAP 並非製造業出身，沒有自家公司的生產線，目前只有一家體驗型的店面。以既有的戶外活動業界競爭來看，幾乎可說是沒有任何資源。

然而，假如與顧客的連結是今後競爭的要素，那會是什麼樣的局面呢？從直接的連結點來了解顧客，再根據資料發想出商品服務、收費方法、促銷方案，以最快的速度直接送到有需要的顧客面前，這樣的模式若在業界已成為理所當然的事，又會是什麼樣的局面？YAMAP 的會員數已高達 280

萬人，遠遠超過那些大型戶外活動品牌公司所擁有的顧客資訊。此外，如果以資訊的品質來說，相對於以往的企業會偏向購買資訊，YAMAP 則是掌握了顧客整體的登山行動。

YAMAP 的春山社長說道：「現代是製造者和使用者完全分離的社會，我認為這是一種本質上的貧乏。純粹以追求銷售額的『大量生產、大量消費、大量丟棄』作為前提的生意，一定會面臨極限，不該這麼做。應該要嚴選真正的好東西，送到真正需要它的人面前。我們了解顧客，如果能直接聆聽他們的意見，從中創造出真正的好產品，產生良性循環，就能創造出更好的社會。」

YAMAP 以他們和顧客的連結作為武器，對既有的戶外活動業界商業模式，從線上展開了「異業競爭」。就像春山社長說的「YAMAP 還不夠成熟，想做的事連十分之一都還沒達到」，尚不知道他們的生意會進化到什麼程度。不過，他們的商業模式深受顧客青睞，當他們更進一步活化這個模式時，便可能會徹底顛覆既有的戶外活動業界策略。這時候，重要的不再是依據既有商品的立基點、在不同業界展現優勢，而是能否擁有與顧客連結的場所，這才是勝負的關鍵，我們可逐漸從中釐清全新的競爭規則。

09 snaq.me —— 以訂閱制的 點心宅配來配送歡樂

snaq.me 是以訂閱的方式配送「點心體驗 BOX」的服務，由董事長服部慎太郎於 2015 年 9 月創立，接著一路飛快成長。

snaq.me 擁有 100 多種點心，以兩週一次或四週一次的頻率，將個人化的「點心定期配送」到每位顧客手中。裡面裝有八個小點心 BOX，皆是食材和製作方法都很健康的點心，所以享受點心時不太會給人罪惡感。

就像 snaq.me 所標榜的「點心體驗」一樣，裡頭也包含了無法讓顧客自行挑選、不在預期內的品項。這會促成與全新點心的邂逅，提供顧客歡樂的時光。筆者們也是 snaq.me 的用戶，我們的家人每次都很期待 snaq.me BOX 的到來。

以配送商品的 BOX 作為與顧客的連結點

　　snaq.me 用很單純的方式，實現了以「他們和顧客的連結」作為立基點的商業模式。他們的 LINE 和網站是數位顧客連結點，符合 4P 中的 Place，此外，配送商品的 BOX 被定位成實體的顧客連結點，這是其一大特徵。社群網站上有很多「#snaqme」的貼文；打開 BOX 時，裡頭擺了八種點心的畫面，令人忍不住想拍照、讓人再度到線上購買，就此成為一個良性循環的重要契機。

　　這個 BOX 也是從顧客行為的觀察中誕生的強項。「BOX

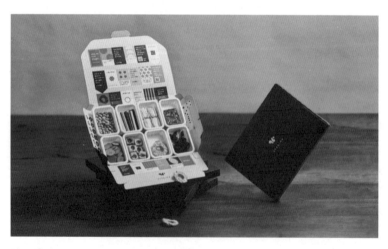

點心體驗 BOX snaq.me（snaq.me提供）

的設計，一開始與其說是設計，不如說是看見顧客的行為後所做的變化。以前都是在包裝前面貼上寫著點心名稱的貼紙，打開的瞬間看不到裡頭的點心。當我們發現顧客會將點心全部倒出來才拍照，便做了改善，讓顧客在打開包裝時就能看到裡頭的點心」（引用自服部董事長）。換句話說，snaq.me 不只掌握了購買資料，也觀察了顧客的使用方式，以掌握可改善商品的提示。

從這席話中可得知，snaq.me 十分重視與顧客的實體連

2018 年的線下活動「snaq.me studio」的情況（出自 snaq.me 官方紀錄）

結點，全力投入與顧客一再地展開對話。在線下方面，舉辦100 人規模的活動，一面讓顧客體驗點心，一面聆聽顧客的意見。此外，每個月也持續打電話向顧客做電訪。

當實體出身的企業，想要以數位方式與顧客建立連結時，往往會過度將重心偏向數位。但是，和數位出身的YAMAP 一樣，snaq.me 在創造顧客連結點的做法上相當有彈性。他們不會特別偏重數位，而是很自然地加入與顧客展開實體對話的場合，讓數位與實體互相搭配。

snaq.me 與現有製造商的不同之處，並不是在實體或數位上，而是面對顧客的態度。數位出身的 snaq.me 能夠建立與顧客的直接連結，是因為他們原本就具備了真誠面對顧客的態度。

☑ 作為「Product as a Service」的商品

依據用戶回饋所產生的推薦，這份美好的感受提升了享受 snaq.me 的價值。顧客會覺得「這是他們為我挑選的」，這正是 snaq.me 最大的魅力所在。snaq.me 一直都有 100 多種點心，在入會的一開始，便根據顧客回答的問卷、對實際配

送的點心所做的評價、對想吃的點心所提出的需求，來進行個人化，這就是他們採行的機制。換句話說，只要有 100 位顧客，就會有 100 種組合。

snaq.me 根據點心問答和需求所得出的資料已多達數百萬則，因此能向顧客送出每個人喜愛的點心。不過，如果只是倚賴系統給的推薦，就會只配送顧客給過好評的產品，無法提供新的邂逅。因此，snaq.me 會刻意不這麼做；他們容許加入相當程度「偏差值」的空間，並且刻意採用推薦上的「錯誤」。服部董事長說：「每次聽到顧客說『在 snaq.me 吃到我原本很不喜歡的點心，結果出奇地好吃，就此愛上

點心問答　　　　　需求　　　　　評價

snaq.me 的回饋畫面（snaq.me 提供）

它』，便覺得顧客對於吃的可能性或許已經擴展開來，心裡很高興。」

　　snaq.me 十分重視與顧客建立這種連結，也會將他們從線下和線上掌握到的顧客行動，與後續的商品開發串聯在一起，「點心捐贈」的服務便是其中一個例子。與顧客對話的結果是，得知許多人退出會員的其中一項原因是：「由於賞味期限到了或不喜歡吃，導致『不得不丟棄時的罪惡感』，因此退出會員。」得知此事後，snaq.me 開始在配送的 BOX 內附上一個回郵信封，讓顧客可以將不愛吃的點心「捐贈出去」。如此，不只能實際請顧客將點心寄回來，也可藉由在裡頭放的信封，讓顧客知道點心的賞味期限很短，以減少顧客丟棄點心的情況。

　　對 snaq.me 而言，點心並非單純只是被當作「物品」看待的產品，而是為了滿足點心時間所提供的「服務」，這項服務也是一項重要的產品。假如認為只有需要直接付錢的東西才是產品，其他都是不必要的經費、得加以捨棄，那麼，在這種模式下不可能會創造出這樣的構想。他們的目的並非暫時性地販售商品，而是要持續與顧客締結關係。因此，他們掌握到的顧客行動不只會反映在商品開發上，也會反映在商品服務的改善上，藉此進一步加強與顧客的連結。

📝 根據顧客來更改商品提案

snaq.me 進一步在 2020 年推出另一個品牌——晚酌訂閱制「otuma.me」。snaq.me 的顧客大多是女性，相對於此，otuma. me 則是以男性居多，在不同於 snaq.me 的族群之間頗獲好評。

otuma.me 同樣也是經由與顧客直接對話而誕生的商品。因新冠疫情而流行在家小酌，有不少人說他們「想要的不是點心，而是能下酒的小吃」，就此成為展開這項服務的契機。驚人的是 snaq.me 的開發速度，他們找來所有受歡迎的下酒小吃類點心，從企劃開始，只花了三天便推出服務。之後，當他們掌握到顧客對此有極大的迴響，便毅然決然地擴大規模。

根據顧客的行為，態度明確地迅速改變商品，服部董事長說，他們認為「snaq.me 的商品是『網路服務』」。網路服務是測試版，自從推出後，每天都在改變。同樣的，商品也不會固定不變，必須視之為因應顧客的反應而彈性變化的服務。在投入新商品時，一開始是少量導入，等得到評價後再決定是否要量產，這種一邊實驗、一邊改進的思想，已深植於公司之中。不過，也得要企業擁有連結性強的顧客，才能辦到。

「從物（商品）到事（體驗）」，是近來在事業開發中很常聽到的一句話。然而，這種案例往往只停留在題目的層級。正因為是以「時時與顧客保持連結」作為立基點，所以並不是將商品視為固定的物品，而是可變動的服務。snaq.me 所體現的「Product as a Service」，表現出數位時代的商業模式所具備的一大特徵。

otuma.me（snaq.me 提供）

🛒 價格設定是根據價值，而不是原價

snaq.me 的另一個特徵，在於其價格設定。八小盒點心是 1,980 日圓，因此一盒約 250 日圓，與超商販賣的點心相比，價格貴上許多。以品牌來看，不管是再有名的點心製造商推出的商品，作為平常吃的點心，此價格會讓人在購買前感到猶豫。

儘管如此，顧客還是很期待，這是因為「他們不是購買點心，而是購買『專為自己配送而來的體驗時間』」（引用自服部董事長）。

換句話說，snaq.me 的價格設定的對象不是「商品原價」，而是「顧客價值」。如果問「你願意為一小盒點心付250 日圓嗎」，顧客會回答「不」，但只要再補上一句「月繳 1,980 日圓，就能養成吃健康點心的習慣」或「月繳 1,980日圓，就能和點心來場全新的邂逅」，願意支持的顧客應該會不少。

在以數位與顧客建立連結的時代，這種價格設定的想法極為重要。因為顧客不是對商品這類的「物品」支付價格，而是對「與企業持續保持連結的價值」支付價格。價位當然會比現有商品來得高，但只要能獲得顧客的支持，其直接的

利潤就會增加，之後再將利潤投資在數位或顧客的體驗開發上。為了獲得這些資金，在數位時代，必須讓顧客價值比過去還要明確，因此不能忘記對此進行價格設定。

☑ 對持續的時間和回饋提供常客獎勵

由於重視每位顧客的體驗，因此 snaq.me 沒有商品評價這類的留言功能。不過，為了能讓顧客邂逅新的點心，每次都會附上點心雜誌，或是提供可以用一顆按鈕來對配送的點心進行「不喜歡」、「普通」、「喜歡」、「超喜歡」的評價機制。雜誌的內容不只有點心本身，還會刊登工作人員的筆記術或是最近注意到的事。邊看雜誌邊吃點心，也成了筆者們的樂趣之一。也就是說，既然提供的價值是「和點心一同存在的優質時間」，那麼資訊內容也會被定位成用來實現這個目的，進而加以開發。

此外，還有一套和 snaq.me 有關的忠誠度計畫，名為「橡實計畫」。這與購買的金額多寡無關，而是因應顧客對 snaq.me 的持續支持和回饋的行動，以貯存橡實作為里程。換句話說，這不是「謝謝你的購買」，而是具有「謝謝你與

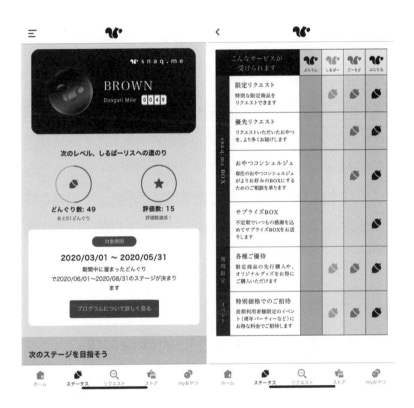

snaq.me 的橡實計畫（風間公太拍攝）

snaq.me 連結」這種含意的回報。得到的獎勵也不是用來打折，而是「能對特別的限定商品提出需求」或是「能與點心管理員商量」，以促進 snaq.me 的顧客價值——「與點心的邂逅」。

　　說到忠誠度計畫，通常會以為和家電量販店常用的集點制度差不多，不過，兩者所扮演的角色截然不同。集點制度主要是對購買金額給予折扣的一種回報，相對於此，忠誠度計畫則如同字面的意思，是為了促進與顧客的忠誠關係，主要是針對顧客的行動，給予下次體驗的回報。就像我們在YAMAP 的案例所看到的，用意不在於「販售」，而是在於「促進顧客價值」的行銷思維，這也可說是 snaq.me 體現的一種新商業模式的特徵。

☑ 與現有點心製造商之間的關鍵差異

　　如同前面所看到的，snaq.me 的高人氣，源自於傑出的顧客價值設定。他們使用的詞彙不是「零食」（お菓子），而是「點心」（おやつ）。零食指的是「物」，而日文的「おやつ」（點心）原本指的是「八つ時」（下午兩點到四

點左右）這個時間帶，所以在這個時間吃的點心，人們稱之為「おやつ」。換句話說，snaq.me 的顧客價值不在於「零食」這項東西，而是在於「點心」時間。

當然，透過以往的流通方式在店面擺放商品的點心製造商，如果要聲稱「我們的顧客價值，在於享受我們商品的時間」，也是他們的自由。不過，要是與顧客之間沒有直接的連結點，那就像是向顧客拋出一句「要決定顧客價值，得看你自己怎麼做」。只要商品能暢銷，企業之後便不會再做任何提案。

對此，snaq.me 為了使點心時間更豐富，便運用了顧客連結點、商品服務、收費方法、促銷方案，來開發具體的提案；透過與顧客直接的連結點，持續配送商品。雖然就言語本身來看，同樣是標榜顧客價值，但是否能轉為實體化，看在顧客眼裡，當中的差異再清楚不過了。

那些維持既有商業模式的企業要是改變說法，對外聲稱「本公司標榜的是和 snaq.me 一樣的顧客價值」，那麼他們的顧客很可能會被 snaq.me 搶走。筆者們也是在開始使用 snaq.me 後，便大幅減少在超商買點心的次數。因為比起那些大公司的商品，別人為自己挑選的點心體驗更值得信賴，也更有樂趣。

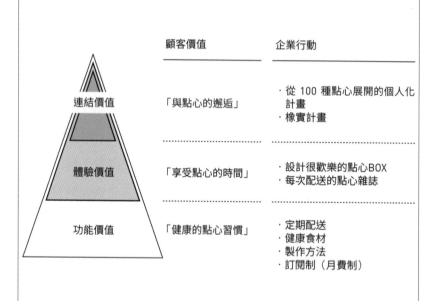

snaq.me 的顧客價值金字塔

	顧客價值	企業行動
連結價值	「與點心的邂逅」	· 從 100 種點心展開的個人化計畫 · 橡實計畫
體驗價值	「享受點心的時間」	· 設計很歡樂的點心BOX · 每次配送的點心雜誌
功能價值	「健康的點心習慣」	· 定期配送 · 健康食材 · 製作方法 · 訂閱制（月費制）

snaq.me的顧客價值，可用顧客價值金字塔顯示如上頁圖。

snaq.me 的「健康的點心習慣」這種顧客價值，是最根本的要素。此外，藉由提供點心 BOX 和點心雜誌，更是將顧客價值昇華為「享受點心的時間」。

snaq.me 從 100 種點心開始，進一步提供個人化的計畫，以及能獲得特別體驗的橡實計畫，就此體現出「與點心的邂逅」這樣的顧客價值。

如果只有最底下的「健康的點心習慣」，就算是既有的點心製造商，只要進行商品開發，一樣能實現這點。此外，他們針對「享受點心的時間」也有可能做出對策。然而，正因為 snaq.me 是透過數位與每位顧客保持連結，才能實現「與點心的邂逅」。

此外，snaq.me 已累積了許多顧客的點心行動，就算其他公司準備了同樣的計畫，在推薦的精準度和方法上，還是先行者先贏。

所謂的顧客價值，並非用言語美化自己的價值就行了，而是得把它當作競爭力的泉源，發揮其功能。snaq.me 的挑戰便是極端地展現出這點。

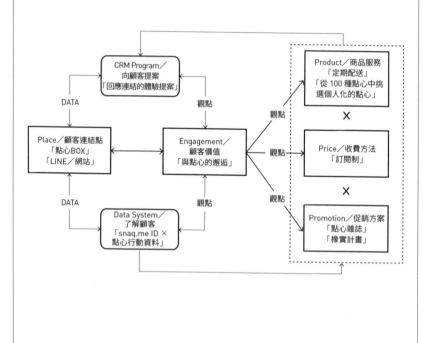

snaq.me 的顧客關係4P

CRM Program／
向顧客提案
「回應連結的體驗提案」

DATA

觀點

Place／顧客連結點
「點心BOX」
「LINE／網站」

Engagement／
顧客價值
「與點心的邂逅」

DATA

觀點

Data System／
了解顧客
「snaq.me ID ×
點心行動資料」

觀點

Product／商品服務
「定期配送」
「從 100 種點心中挑
選個人化的點心」

×

Price／收費方法
「訂閱制」

×

Promotion／促銷方案
「點心雜誌」
「橡實計畫」

觀點

觀點

觀點

☑ snaq.me 的商業模式與競爭力

在此試著用顧客關係 4P 將 snaq.me 採取的策略視覺化。

snaq.me 標榜「與點心的邂逅」這樣的顧客價值，設計出送到顧客手中的點心 BOX，作為體現顧客價值的場所，也用 LINE 和網站構築出數位接觸點。

演出與點心的邂逅，提供享受點心的時間，這正是 snaq.me 的顧客價值，所以在顧客連結點可以享受彼此輕鬆連結的樂趣。他們並未設立粉絲網站，始終都專注於與點心體驗直接連結，以及與顧客近距離的連結點上，這是其特徵。透過顧客連結點來認證顧客、加以了解，然後將 snaq.me 最具特色的定期配送點心個人化，再配送給顧客。

正因為「與點心的邂逅」是其價值所在，所以採訂閱制提供，而在推動「與點心邂逅」的促銷方案上，則是於實體與數位兩方面並進，將點心雜誌與橡實計畫送到顧客面前。從顧客的立場來看，愈是加深與 snaq.me 的連結，便愈能提升體驗，進而真切感受到「與新的點心邂逅」這樣的顧客價值，創造出良性循環。

snaq.me 的這套模式，與開發既有的固定商品、進行固定的價格設定、投入高額的媒體促銷、確保通路店面的顧客

連結點等策略方式完全不同。snaq.me 固定不變的是顧客連結點與顧客價值，以及根據這兩者所建立的 CRM 計畫和資料系統，也就是只有顧客關係 4P 的左側。只要在這裡構築與顧客的連結，那麼右側的商品、價格、促銷都是可變動的。

如果是不具備左側機制的企業，想要模仿右側的要素，將會十分困難，且極具破壞性。話說回來，將點心視為「因應顧客所提供的配送服務」，這個態度本身就與以往的點心製造商截然不同，那些製造商通常是對每項商品開發進行最多投資。

此外，snaq.me 對於一般的點心採取高額的價格設定，這也可說是「逆向價格破壞」。對於逐漸降低價格的競爭，資本雄厚的大型企業若要暫時降低價格或削減成本來因應，倒也不是辦不到。不過，當他們面對逐漸提高價格的競爭，便不知該如何應對。因為沒辦法突然提高現有商品的價格，更何況，從既有的定價常識來思考，就算製作出高額的全新商品，也賺不到銷量和利潤。因此，唯有改變整個商業模式，才能加以對抗。此外，如果是採取「賣出就不管」的生意模式的企業，想要維持像橡實計畫這樣的長久性連結，得多花成本，而且也不容易著手。

目前 snaq.me 尚且算是新創企業，在既有的點心製造商

眼裡，或許沒把他們當作競爭對手看待。但如果他們在數位革命這股大潮流中展現出新的商業模式，會引發什麼樣的局面呢？當顧客覺得這家企業有直接連結的價值，那麼向他們購買商品的行動便只會擴大、不會衰退。

若是如此，第二個 snaq.me 恐怕不久後便會登場。不，如果以這種模式的觀點來看，已經有許多 snaq.me 型的點心製造商登場了。今後不見得都是出自新創企業之手，也許是亞馬遜，也許是因應數位時代的大型零售商的自有品牌。

假如這套模式將成為業界的標準，那麼你是該重新評估自家公司的商業模式，或是該想出對抗這套模式的方法呢？雖然有幾個選項可選，但可以確定的是，當中沒有「忽視」的選項，各位最好要有這樣的認知。

前面舉出 YAMAP 和 snaq.me 這兩個不同業界的新創企業案例，其共通點在於，兩者都不是存在於既有業界中的企業，而且都想要將全新的商業模式帶進既有的業界中。

那麼，存在於既有業界裡的企業，在數位社會到來的情況下，該如何挑戰新型的商業模式呢？接下來，我們來看看在零售業界長期經營的企業的變革案例。

10 TRIAL ——標榜「以 IT 改變通路」的日本先驅

　　如果從因應世界性數位革命的觀點來看，在國外是由擁有實體店面的企業或零售業所帶動的。但從日本國內來看，卻是相反的；零售業的數位變革之中，雖然有無人收銀店面這類的部分動向，然而不論是大型企業或中小企業，感覺都嚴重落後，這點不可否認。

　　當中比較爭氣的，是從福岡縣起步、向全國展店的 TRIAL 公司。該公司創立於 1984 年，2015 年設立 TRIAL 控股公司。雖然目前只有部分店面這麼做，但他們以出色的顧客體驗設計為主軸，不光是改善店面的運作，也努力增加銷售額，更進一步活用資料，跨足展開全新的事業。

　　該公司投入的事業，並非現在才剛起步。他們標榜「以 IT 改變通路」的遠景，從當初創業開始，就將著眼點放在零售、通路業的 IT 領域上。TRIAL 公司的事業內容不只有零

售業，還有軟體開發、物流、商品開發、製造。雖是非上市公司，但截至 2021 年 3 月的銷售額超過 5,227 億日圓，擁有超過 270 家店面（截至 2021 年 12 月 3 日）。銷售額雖然比不上以埼玉縣為中心展開超市經營的 YAOKO（2021 年 3 月約 5,000 億日圓），但已超過大型購物中心 KOMERI（同期約 3,850 億日圓）。

從 2018 年起，約三年半的時間，TRIAL 在九州開設了 51 家引進數位技術的新店面（截至 2021 年 12 月 3 日），2020 年在關東也開了一家店。以存在於市場的零售科技為基礎，結合自家公司的技術，同時也開發出零售 AI 攝影機。

TRIAL 身為在國內零售業界帶動新零售的企業，備受矚目。

☑ 名為「智慧購物車」的顧客連結點

該公司投入的第一家數位化店面是「超級購物中心 TRIAL」Island City 店（位於福岡市），於 2018 年 2 月開幕。該店設立於推動住宅開發的地區，面積約 3,700 平方公尺，主要販售食品，也有日常用品，範圍十分廣泛，還引進了具有儲值卡結帳功能的全新「智慧購物車」。

超級購物中心 TRIAL 的智慧購物車（筆者拍攝）

顧客必須先讓智慧購物車讀取 TRIAL 專屬的儲值卡，接著拿取商品、掃描條碼、放入購物車。購物車上設置的平板電腦，會顯示推薦商品和優惠券。顧客需在賣場完成商品登錄，所以只要接受店員簡單的檢查後，通過專用的結帳路線，就等於結完帳了。

　　這家店設置了許多數位媒體，擁有約 700 臺的「智慧攝影機」（AI 攝影機），能掌握店內顧客的動線和顧客在貨架前的行動，也能「以 AI 來認識商品和處理動態」，可以讓商品陳列和顧客的店內行動最佳化，這都能與數位媒體產生連動。

　　首先，顧客走進店內後，會有巨大的數位告示板迎接顧客的到來。接著，來到通往賣場的通道，抬頭往上看會發現，店內牆壁上方滿是巨大的數位告示板，播放著正在舉辦活動的商品廣告。顧客就像這樣，一面接受各種店內媒體給的建議、一面購物。

　　假如是顧客不想買的商品，卻又一直被迫接受宣傳，只會讓人感到痛苦，但 TRIAL 的巧妙之處，在於這些數位媒體的配置和動向都不會給顧客壓迫感，有助於顧客展開更好的購物行動。對於自己感興趣的商品，可以即時得到購買建議，這對顧客來說，具有作為資訊的價值。店面商品的陳

列，原本就具有媒體的功能。藉由讓數位媒體和科技與之結合，發揮「讓店內空間化為媒體」的功能，將四處走動的顧客行動視覺化，對每位顧客做出不同的購物建議，這是 TRIAL 追求的目標。「超級購物中心 TRIAL」Island City 店，可說是最早將 TRIAL 的這個想法具體化的店面。

透過店內配置的攝影機，也能掌握顧客的店內行動。根據顧客在貨架前的動向、屬性，不僅能獲得購買資料、得知哪些顧客會購買，也能獲得「沒購買」的非購買資料。TRIAL 會根據非購買資料，來推動補貨以及貨架上告示板顯示內容的最佳化。

實體店面裡的數位 CRM

2019 年 4 月，福岡縣糟屋郡的購物中心 TRIAL 新宮店重新改裝開幕。一樓有食品賣場，二樓有家電、服飾等購物中心區，是面積約 11,900 平方公尺的巨大店面。這家店大量採用 TRIAL 在 Island City 店試營運的零售 AI。

最重要的特徵是媒體功能的再進化，當中數量最驚人的，就屬配置在購物動線上的數位告示板了，約有 200 臺。

數位告示板不只會顯示所有店面共通的廣告，還會依序播放數位告示板所在區的引導指示，以及該區活動商品的廣告，並與它們產生連動，向動線上的顧客進行購物建議。

此外，TRIAL 還在這家店內設置了 1,500 臺獨立開發的「零售 AI 攝影機」。透過這些攝影機，可以分析在什麼時機下、在哪個媒體上播出何種內容，商品的銷售和顧客的店內行動會產生何種變化。同時也能讓顧客屬性與「非購買資訊」相互搭配，因應不同的時期、時間帶、店面的狀況，以改變陳列、媒體的活用模式，藉此摸索出可展現最大效果的方式。

這家店面更進一步活用如此巨大的規模，引進更多的數位告示板和 AI 攝影機，而這也會降低生產成本。換句話說，該店也展現了大規模數位帶來硬體成本降低的可能性。面對一定的性價比，只要成本應付得來，就能成為多方展店的踏板。透過大型店的實證，TRIAL 確立了進化的基礎。

引進 app 結帳所代表的意義

TRIAL 的其他店面也實驗性地引進 TRIAL 專用的 app，

使用 app 搭配儲值卡，便能在 app 確認現在的餘額。雖然目前還不能在 app 上對儲值卡的餘額進行儲值，但目標是將來能進一步擴充這些結帳功能。

引進這種 app，有助於提升來店時的結帳效率。不過，TRIAL 之所以朝此處投注心力，是因為在達成 TRIAL 所標榜的「提高每位顧客的來店率」這個目標上，引進結帳技術所代表的意義非凡。

筆者們採訪時，身為 TRIAL 控股公司 CIO 的西川先生（現為 TRIAL 控股公司暨 Retail AI Inc. 執行顧問）說道：「透過投入 app，從生活上各種需求發生的選擇時間，到商品的使用時間，我們創造了包含這一切的連結，提供顧客更好的舒適性。」

換句話說，TRIAL 將 app 定位成顧客來店前或來店後的重要連結點，欲擴大掌握顧客行動的範圍。假如能在顧客來店前就掌握其選擇，進一步知道顧客會使用什麼商品，TRIAL 的提案力將會大幅提升。顧客來店時就不用說了，如果能直接在線上事先結帳，那麼在因應店內取貨等服務時，也能成為立基點。這些確實都會提高 TRIAL 的來店率。

🛍️ 目標是「什麼都不用想的購物」

TRIAL 基本的顧客價值很明確，就像在店內常喊的廣告標語「TRIAL 什麼都有！」一樣。比起刻意安排自家公司的專屬品牌，他們更重著於經手國際品牌，藉此保有廣泛的商品覆蓋率。因為他們所重視的，並不是讓顧客為了買想要的商品而來店裡，而是以「前往 TRIAL」本身為目的。為了讓顧客能貨比三家購買所有的日用品，他們提供了廣泛的商品和低廉的價格，以此作為難以撼動的價值。

對於在店內貨比三家買日用品的顧客而言，最大的痛苦是等候結帳的時間。TRIAL 之所以引進智慧購物車，是為了提供顧客舒適的購物體驗，而不是為了取得顧客資料。對此，西川先生說道：「Island City 店最重視的目標，是不用等候結帳就能購物，讓顧客感受這樣的舒適感。」

目前 TRIAL 實現的顧客價值，是上述這種體驗的價值，但藉由與 app 結合，更有可能進一步提升顧客價值。

接下來要說的，純粹算是筆者個人的幻想。如果今後能以 app 事先掌握顧客的購物需求，與智慧購物車的指引連動，那麼顧客就不必在店裡為不知道該買什麼而苦惱了。假如再搭配 TRIAL 一再精進的店內即時推薦、購物車畫面上

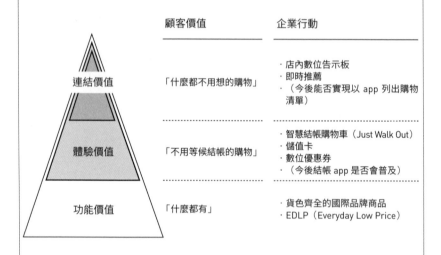

TRIAL 的顧客價值金字塔

	顧客價值	企業行動
連結價值	「什麼都不用想的購物」	・店內數位告示板 ・即時推薦 ・（今後能否實現以 app 列出購物清單）
體驗價值	「不用等候結帳的購物」	・智慧結帳購物車（Just Walk Out） ・儲值卡 ・數位優惠券 ・（今後結帳 app 是否會普及）
功能價值	「什麼都有」	・貨色齊全的國際品牌商品 ・EDLP（Everyday Low Price）

※Everyday Low Price：不設特賣期間，全年都以相同的低價販售的價格策略。

顯示的優惠券，想必顧客價值會再繼續往上提升。

在購物時，顧客的另一項壓力是「事先記住要買什麼」。若能以智慧購物車為主，將店面整個媒體化，在低價、一次購足、不用等候結帳的情況下，實現「什麼都不用想的購物」，顧客便會覺得持續與 TRIAL 保持連結是有價值的。

此處提到的「持續保持連結的價值」，不同於 YAMAP 那種發自內心的深切共鳴的價值，反而是與 snaq.me 化為「習慣」的價值較為相近。一旦顧客在生活中養成習慣，就有理由與該企業持續保持連結，成為無法輕易割捨的關係。

以「低價、貨色齊全」作為顧客價值的零售業者相當多。為了實現「不用等候結帳」的購物體驗，TRIAL 進行了一些措施以求改善，例如出租店內的結帳設備、引進小型無人收銀店面。然而，這通常只能說是結帳周邊的「技術引進」。為了實現顧客價值，因此引進智慧購物車，TRIAL 藉此創造出舒適又寬敞的店面；他們也引進 AI 攝影機，根據組織應採取的方式來重新建構店面的模式。

投入數位化經營，指的並不是針對自家公司事業模式的某部分插入數位技術，而是要打造一個以數位為前提的商業模式。如果不這麼做，便無法強化與顧客的連結，各位

最好要有這樣的認知。

倘若用顧客價值金字塔來檢視 TRIAL 構築的顧客價值結構，會發現它是由各自的樓層堆疊而成，所以，今後或許有可能實現位於最上層的「什麼都不用想的購物」。

📋 TRIAL 的商業模式與競爭力

如果以顧客關係 4P 的構圖來理解 TRIAL 目前的投入情形，情況如下頁圖所示。

這套模式為 TRIAL 帶來的，並非只有在零售業界的獨特競爭力。TRIAL 不光是將獲得的店面格式和顧客行動資料活用在自家公司店面的效率化上，同時也想活用實體店面，拓展全新的事業機會。

那就是進軍「零售媒體事業」。

TRIAL 獨家的店內行動資料，提高了 TRIAL 旗下店內媒體的價值。

西川先生針對零售媒體事業的構想，發表以下的看法：「實體店面裡有前來購物的顧客，其周圍都是商品，店內的媒體也會一同向顧客提供資訊。其效果不僅能提高銷量，也

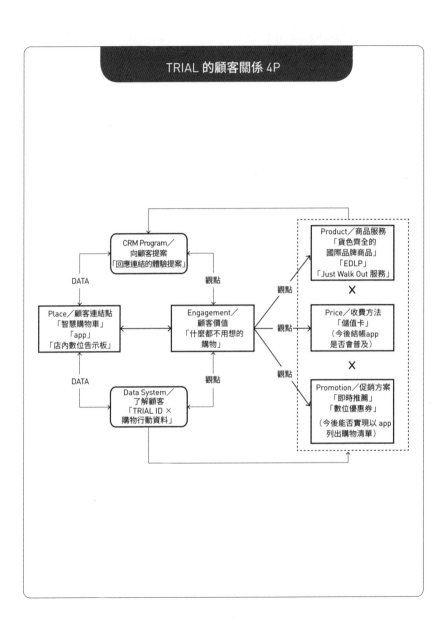

TRIAL 的顧客關係 4P

CRM Program／
向顧客提案
「回應連結的體驗提案」

Place／顧客連結點
「智慧購物車」
「app」
「店內數位告示板」

Engagement／
顧客價值
「什麼都不用想的
購物」

Data System／
了解顧客
「TRIAL ID ×
購物行動資料」

DATA

DATA

觀點

觀點

觀點

觀點

觀點

Product／商品服務
「貨色齊全的
國際品牌商品」
「EDLP」
「Just Walk Out 服務」

╳

Price／收費方法
「儲值卡」
（今後結帳app
是否會普及）

╳

Promotion／促銷方案
「即時推薦」
「數位優惠券」
（今後能否實現以 app
列出購物清單）

會展現出顧客的店內行動資料。這對於不易看出效果的多媒體具有很直接的效果，也就是『對製造商而言，有用的新媒體就此誕生』。」

進軍零售業的廣告業，在美國，已有像沃爾瑪和沃爾格林如此明確的存在。在日本國內，鶴羽藥妝等公司也投入這項事業。

換言之，擁有獨家資料的基礎，與之搭配合作，「藉由提高店面媒體的價值，獲得來自製造商的促銷費、廣告宣傳費」（引用自西川先生），便是看準這是一項獲取商業利潤的機會。

身為零售業者的 TRIAL，在自家公司的店面實現了數位的購物體驗，造就與其他公司的差異，此舉早已領先其他公司。但 TRIAL 真正的意圖並非只有這樣；正因為是零售業界裡的企業，所以他們重新看待自己，將自己定位為「不是零售業，而是提供平臺供零售業營運的企業」（引用自西川先生），這可說是看準了數位革命時代下的「零售業商業模式變革」。

☑ TRIAL 的挑戰與零售業的課題

就像前面所看到的，TRIAL 的商業模式與以往的零售業有著明顯的差異。TRIAL 為了消除實體店面的購物壓力而引進智慧購物車，並朝店面媒體化更進一步進化。

另一方面，TRIAL 尚且稱不上已構築出高完成度的顧客關係 4P 模式。他們並未展開電子商務，app 相關的可能性始終只是筆者們自己的想像。然而，在實體店面中實現與顧客連結的數位接觸點，能像他們一樣做到這點的企業並不多，TRIAL 堪稱是向零售業界展現全新數位活用法的先驅。

在新冠疫情之下，各家零售業公司全都投入網路超市事業，但又有多少零售業者成功呢？實現了「幕後店」、經營有成的日本零售業，至今仍寥寥可數；許多零售業者最後都只是追加了暫時性的通路。然而，根據 TRIAL 的投入方式，能夠看出他們擺脫了既有的流量型行銷思維，開始具有循環型行銷思維。雖然還不能用網路訂購，但只要是顧客在店內的時間，便絕不能漏掉與顧客即時連結的智慧購物車所帶來的價值。TRIAL 是頗具資質的企業，今後將建構出顧客眼中的「連結價值」。

截至目前為止，我們檢視了 YAMAP、snaq.me、TRIAL 的策略。他們都是藉由獨特的 Place 來確立「與顧客的連結」，達成前所未有的個人化商品、價格、促銷的組合。

　　三者的共通之處，並不是利用資料來追著顧客跑，而是想直接以數位與顧客連結，以此為前提來建立商業模式、實現顧客價值；這種態度強化了他們的顧客資料基礎，更加提升對顧客的提案力，就此形成良性循環。只要完成這樣的循環，商品便具有可變化性，因而能陸續創造出新的商品服務。換言之，可以不受既有商品領域的產業劃分所束縛，進而展開跨產業競爭。

　　我們將在下一章深入理解所謂的跨產業競爭，先來看看幾個國外的開路先鋒案例。

PART **5**

改變競爭規則

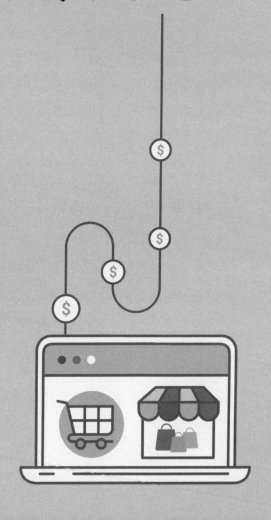

🛍 在新模式下引發「跨產業個人化競爭」

前面透過幾個業界的案例，以顧客關係 4P 的框架來審視「什麼是數位時代的商業模式」。總括來說，與顧客的連結將成為商業模式的立基點，而創造出這一切的顧客連結點才是真正的競爭力所在。無論是數位或實體，都不該封閉任何一個與顧客的連結點，而是要以融合兩者為前提。

這意味著，假如某些企業太晚投入數位活用，或是對數位與實體的顧客連結點做切割、只侷限於部分引進，便會面臨嚴重危機。我們先回過頭來看看，本書一開頭提到因新冠疫情而破產的企業案例。在破產的美國健身業界中占有重要地位的企業、長期引領服飾界的企業，他們並不是沒有數位的顧客連結點。這表示，為了透過連結點與顧客建立連結，「商業模式本身需要升級」。

另一項應該有所認知的，是各個業界都很穩健地在適應數位社會。以數位社會為前提來體現商業模式的公司，不僅僅只有數位出身的新創公司。Nike、沃爾瑪等美國業界代表的企業，已成功轉換為「重視與顧客直接連結」的商業模式。最重要的是，只要業界的領頭羊動起來，競爭規則就會改變。

假如課題的本質在於商業模式的升級，那麼「數位化的落後」已超越單純的「業務改善的落後」的範疇，反而直接意味著公司的競爭力低落。儘管度過了新冠疫情的浪潮，還有「與過去截然不同的競爭」這波大浪在前方等著。

在數位化世界裡相互搶奪顧客的，並不是既有業界的競爭對手；反之，可能是跨產業的競爭對手，他們擁有以數位為立基點的商業模式。各家公司必須盡早升級自家的商業模式，以因應新的競爭到來。

早已有幾個徵兆顯示出未來競爭的本質。接下來會以國外各業界的代表企業為例，逐一展開探討。他們全是在新冠疫情之下仍然持續成長的企業，筆者們研判是因為他們已獲得新的商業模式。同時，也正因為是他們，才能扮演先驅的角色，打造出全新的競爭規則。筆者們沒能對新冠疫情的最新狀況展開視察，但他們的策略意圖都公開在各種討論會中。我們想活用這些資訊，思考他們眼中的下一個競爭要素是什麼。

11 lululemon ──市值擠進全球前三名的加拿大新星

☑ 不主打「全通路」，而是「全方位顧客體驗」

在新冠疫情下仍然加速成長的企業之一，就是推展瑜伽服飾品牌露露樂檬的加拿大公司 Lululemon Athletica。2020 年第三季度（2020 年 8 ～ 10 月），直接銷售與數位銷售的銷售額與前年同期相比，增加了 93％（資料來源：Forbes JAPAN，2021 年 1 月 13 日）。2021 年度仍持續成長，第二季度的銷售額比前年同期增加了六成，達成 2.4 倍的淨利成長。在市值方面，已勝過服飾界三巨頭之一的瑞典品牌 H&M，緊接在經營 ZARA 的西班牙 Inditex、Fast Retailing 之後。

露露樂檬在店面開設瑜伽課，掌握「店面即體驗場」的概念，擁有線上推展的商品販售模式，因而廣為人知。他們

在全球擁有 500 家左右的店面，還不算多，但背後有顧客的支持，因此能維持高商品單價，2020 年度的銷售額淨利率結算為 13.4％，如此高的數字，在這個業界可說是特例。換言之，他們將新的商業模式帶進這個業界，就此成為瓦解服飾界三巨頭結構的角色（資料來源：日本經濟新聞，2021 年 9 月 21 日）。

在露露樂檬擔任美國全球顧客創新部門代表的塞萊斯特・伯戈因，於討論會上詳細說明了其對應方式和策略。

伯戈因女士回顧了業績因為新冠疫情而成長的 2020 年，說道：「我們過去投資的全通路強項，後來都發揮作用了。」她舉了幾個店面做出因應的例子，例如，將公司的全通路能力運用至最大極限的門市取貨（BOPIS）、車內取貨（curbside pickup）、線上等候名單。如果顧客能在線上預約想前往店鋪的日期，就不必在店內排隊或等候店員接待，即可順利地領取商品。之所以能實現這一切，是因為他們原本就標榜以產品創新、全方位顧客體驗、擴大市場這三者為主軸的「三大力量」，作為公司的策略，持續推動改革。

此外，市場也對健身業界抱持期待。在新冠病毒的蔓延下，全球對健康的意識不斷升高，但光是設下數位接觸點，並沒有辦法創造或維持與顧客的連結。這時候最重要的不是

「全通路」，而是他們所標榜的「全方位顧客體驗」。

露露樂檬的主軸不是通路，而是顧客。即使在店內，露露樂檬重視的也是體驗，而不是販售。他們在店內的工作室或線上，任命指導員或運動員作為「大使」，舉辦像瑜伽教室這類的定期活動。正因為店面是提供體驗的場所，所以他們對顧客的稱呼不是客人，而是「來賓」。

露露樂檬看準了新冠疫情後的變化，就是進一步的「實體店面扮演的角色變化」。「雖然現正不斷轉換為數位，但實體店面的重要性仍舊不變。我們會聚焦在全方位顧客體驗上，活用實體店面的人員，開發能持續創造出『與來賓連結』的活動」（引用自伯戈因女士）。舉例來說，露露樂檬

lululemon 的 1:1 Video Chat（取自 lululemon 網站）

於 2020 年 3 月啟動店內的「數位諮詢計畫」，店裡的工作人員作為「教育者」，會透過 FaceTime 或 Zoom 接受顧客的個別諮詢。

由於新冠疫情的緣故，露露樂檬的店面曾經關閉一段時間，但他們之所以能成為業績成長的企業之一，並非單純只是因為他們推動了全通路。那是因為他們不是在販售，而是始終秉持「聚焦於顧客體驗」的態度、保持與顧客的連結。正因為擁有全方位顧客體驗的策略意圖、追求與顧客的連結，所以實體店面的人員也能很有彈性地活用數位措施。

☑ 收購能成為顧客連結點的新創公司「Mirror」

露露樂檬比過去更徹底地從實體店面通路的束縛中解放開來，緊接著看準的目標是「讓顧客在家中擺放顧客連結點」。露露樂檬於 2020 年 6 月以五億美元收購居家健身類的新創企業 Mirror。Mirror 是設置在家中的鏡子型健身設備，用戶可以透過設備與指導員連結，因此，雖然在家中，卻能參加個人健身課程。伯戈因女士說：「我們能透過 Mirror 來

Mirror by lululemon （取自lululemon網站）

加深與用戶的連結，在體驗中突顯出商品的優點。」

　　換言之，他們進一步加深與「顧客使用瑜伽服的時間」的關聯，以了解顧客、抓住下一次的選擇機會，從而實現強力的挽留顧客迴圈。此外，他們早已明白，只要得知顧客的行為，便能促成下個產品的創新。

☑ 露露樂檬和派樂騰的競爭

　　若從擴大市場的觀點來檢視露露樂檬的動向，他們是從瑜伽服飾市場進軍急速成長的「居家健身市場」。在這個業界裡，已有派樂騰（請參照 Part 2）這位先驅；他們是將智

慧型飛輪車等設備送進顧客家中，透過它來提供健身計畫。

如前所述，派樂騰和露露樂檬同樣與顧客建立了緊密的顧客關係，擁有自己的一套商業模式，是在新冠疫情之下、顧客數量激增的企業。派樂騰的設備從既有的智慧型飛輪車擴展到跑步機，甚至還有 app，提供的計畫也從單車運動延伸到跑步和瑜伽等。他們自 2014 年開始在線上商店販售服飾，並於 2021 年 9 月宣布要推出服飾的自有品牌。公告一出，股價立刻上升 7%，提高了眾人對派樂騰成長的期待。

假如單看露露樂檬與派樂騰各自出身的商品領域，可說是分屬瑜伽服和智慧型飛輪車的「不同業界」，但要是從他們提供的顧客價值這個觀點來看，即可說這是明顯的競爭。派樂騰的顧客價值是「Empowering People」，這在前文已經提過，但其實露露樂檬同樣也標榜「Empowering People」是他們的顧客價值。此外，為了加強與顧客的連結，雙方都在顧客家中設置了數位顧客連結點。露露樂檬是透過 Mirror，派樂騰則是透過智慧型飛輪車，以了解顧客的健身行動，提供最適合的提案。

這兩家公司的競爭是絕佳例子，展現出如果標榜同樣的顧客價值，以數位為前提，讓商業模式進化，則所創造的新顧客連結點就能促成全新的服務開發，讓根據商品所做的業

界區分變得毫無意義。

　　更進一步來說，若從既有的健身企業觀點來看露露樂檬和派樂騰，他們肯定像是跨界來的競爭者；應該也有人會認為，他們原本就不算是健身企業。

　　露露樂檬和派樂騰把「數位轉換」當作順風的助力，但這對既有的健身企業而言則是逆風。換句話說，透過活用數位方式來強化與顧客間連結的企業，帶來了以此作為武器的新商業模式，破壞了原有的競爭規則。

　　這個現象與亞馬遜進入多種業界、破壞既有競爭規則的動向是一樣的；其本質並非表面的通路數位化競爭，而是與擁有不同商業模式的企業開戰。

派樂騰用來當作顧客連結點的設備（取自派樂騰網站）

12 Walgreens──「解放」顧客的第一手資訊，加速新事業發展

　　早在新冠疫情之前，就一直有人高喊「以數位為前提來建構全新商業模式」的必要性，然而，既有的業界龍頭企業並未大幅改變方向。我們能視之為「無法改變」，但也可以說是「不須改變」會更合理。

　　「公司好不容易構築了線下的穩固地位，如果顧客信任我們，不就會自己到店裡來嗎？為什麼要刻意冒著風險，踏進不確定自己有沒有優勢的領域裡？」會做出這種判斷，或許也很自然。但在新冠疫情蔓延的前提下，顧客本身的生活已被改變，因此，已經沒有合理的理由要繼續留在原來的地方。

　　其中，面臨的困境特別嚴重的，就屬與健康管理有關的業界了。因為新冠疫情爆發，許多人強烈感受到安全的生

活、持續保持健康的重要性。相反地，顧客仍舊對於前往店鋪感到猶豫。也就是說，這些業界一方面深獲人們的需求，一方面卻又無法達成維護和增進人們健康的使命，就此陷入困境。

　　沃爾格林是在美國擁有超過 9,000 家藥局的業界龍頭企業，在新冠肺炎的影響下，2020 年的店面營收略微增加，但電子商務網站的營收與去年相比，則是暴增 39％。沃爾格林顧客行銷平臺集團的副總裁艾莉莎・芮恩，在 2021 年的數位體驗高峰會（Adobe Summit 2021）上說明了詳細內容。

　　在美國，藥局扮演的角色與日本大不相同。美國的藥劑師也能注射疫苗，沃爾格林便扮演了疫苗接種據點的角色。由於新冠疫情蔓延，人們不方便前往藥局，因此沃爾格林的角色變得非常重要，數位化轉型成了必需的課題。芮恩說：「兩年前的沃爾格林，的確是『傳統零售業』。我們過去一直都對顧客和地區社群做出貢獻，但現在我們亟需透過融合實體與數位，更進一步了解顧客的需求，對他們做出更勝以往的貢獻。」

沃爾格林的得來速店面（取自 NRF2021）

沃爾格林的門市取貨（取自 NRF2021）

沃爾格林的遠距醫療（取自 NRF2021）

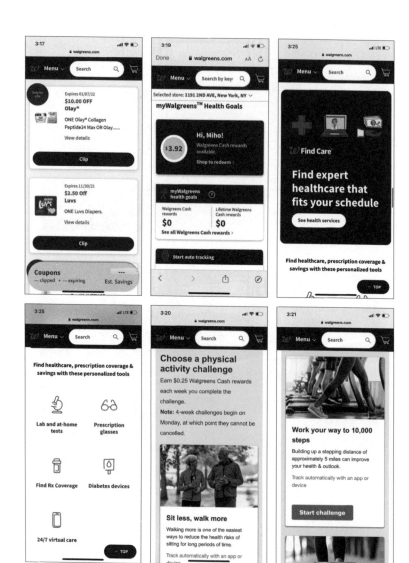

沃爾格林的數位顧客連結點（田原美穗拍攝）
顯示個人化的商品與優惠券，同時提供健康諮詢聊天室和運動挑戰計畫。

推動大量的個人化

沃爾格林面對危機時，所標榜的遠景是「大量的個人化」（Mass Personalization）。首先，將多達 7,300 家的得來速店面當作生活必需品的門市取貨據點，再來，是實現全美最快速的 30 分鐘內門市取貨。

接著，是使用數位工具來擴大連結顧客與醫療人員的照護計畫。沃爾格林在新冠疫情前，就已展開和許多醫療機構、醫療設施合作的計畫，也提供遠距醫療服務，顧客可使用電話或網路視訊通話向醫生諮詢。為了達成自家公司在新冠疫情下的使命，因此活用手中的資源，陸續推出這些方案。

沃爾格林於 2020 年 6 月與微軟和 Adobe 締結合作關係，強化謀求最佳個人化的體制。同年 11 月，宣布更新會員忠誠度計畫，這是與每一個顧客建立連結點的立基點。透過這項計畫，他們提供了跨越所有顧客連結點的「個人化顧客體驗」。也就是說，並不是同時停在單純的購買上，而是得以「掌握了解顧客行為的 1st Party Data（企業直接取得的顧客第一手資訊）」。

2021 年 4 月，沃爾格林宣布與 Uber 合作，在預約接種時間的同時，也完成了 Uber 的叫車預約，會接送至最近的

沃爾格林的疫苗接種站。

這一切全都是因為實現了「One View To Customer」（以一個 ID 的角度來看待顧客），才有可能完成這些服務。

🛍 回歸到 100 年前就投入的工作

沃爾格林自認是很傳統的零售業，關於他們一腳踏進這些變革的原動力，芮恩做了以下的說明。

「我們做的，是回歸藥劑師在 100 年前就投入的工作。他們傾注全力的，並不是將藥物塞進瓶子裡販售，而是讓藥局成為守護社區健康的場所。我們透過數位措施所追求的目標，是讓藥局成為每個人都能造訪的健康管理據點。」他們想加深與顧客的連結，以科技實現顧客的健康福利。

沃爾格林從他們過去與顧客之間的關係性，直接取得第一手資訊，也就是「1st Party Data」，但在兩年前，他們還無法將這些資訊當作資產來充分活用（資金槓桿）。不過，現在沃爾格林在 1st Party Data 中看見了「產生新收入來源」的下一個地平線。沃爾瑪已開始展開活用自家公司媒體的內部廣告服務，而沃爾格林則是在 2020 年底設立沃爾格林廣

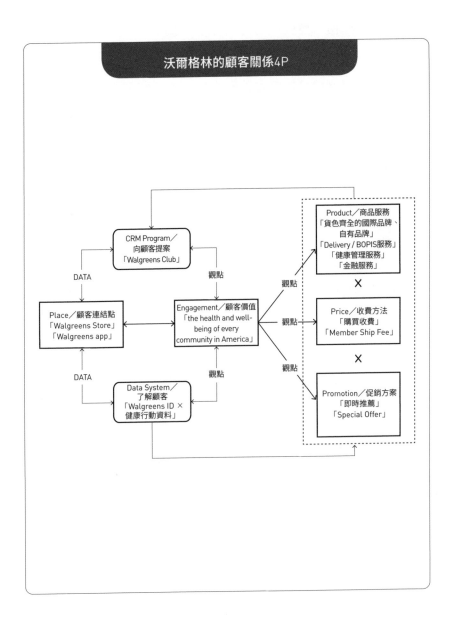

沃爾格林的顧客關係4P

CRM Program／
向顧客提案
「Walgreens Club」

DATA

觀點

Place／顧客連結點
「Walgreens Store」
「Walgreens app」

Engagement／顧客價值
「the health and well-
being of every
community in America」

觀點

Product／商品服務
「貨色齊全的國際品牌、
自有品牌」
「Delivery／BOPIS服務」
「健康管理服務」
「金融服務」

×

Price／收費方法
「購買收費」
「Member Ship Fee」

×

DATA

觀點

Data System／
了解顧客
「Walgreens ID ×
健康行動資料」

觀點

Promotion／促銷方案
「即時推薦」
「Special Offer」

告集團，標榜「提供最先進、全方位服務、個人化主導的廣告」，投入自家公司媒體的 B2B 廣告生意中。

在沃爾格林廣告集團的網站上，高調地標榜著：「你知道你的品牌。我們知道你的顧客。」（You know your brand. We know your shoppers.）這裡的 You 指的是製造商，We 指的是沃爾格林。沃爾格林在此公開表明，他們活用了依據顧客連結點所得知的 1st Party Data，針對製造商做起資料的生意。

沃爾格林所掌握的，並非只有購買的資料。就連顧客的需求、追求健康的意識、購物行動，也全都一手掌握。不僅僅只有量，其資料的質，才是不斷提高廣告服務精準度的要素。

在那些做媒體生意的現有廣告公司眼裡，沃爾格林是從完全不同的業界涉足而來。當然，雖有一同合作的空間，但過去一直以為是客戶的零售業界大公司，如今就某個層面來說，已變成同業的競爭公司出現在眼前。而且，沃爾格林擁有強大的顧客基礎、從自家公司的顧客連結點直接取得高準確度的獨家顧客行動資料，以此作為強力的武器。

2021 年 1 月，沃爾格林宣布推出信用卡和儲值簽帳金

融卡，以強化金融服務，今後在金融服務上也會活用到 1st Party Data。

在芮恩的演講中一再出現的，是「解放」（unlock）一詞。也就是說，沃爾格林不光是透過提升顧客體驗，來取得了解顧客的資料，同時也「解放 1st Party Data 的力量」，以取得下一個商業模式。他們並沒有像既有的藥局一樣、抱持只追求商品銷售的態度；他們不只追求銷售，也活用數位方式來編輯個人化的顧客價值，進而提供給顧客，這才是他們追求的目標。

今後競爭的要訣

露露樂檬和派樂騰算是比較新的企業，而沃爾格林則是代表業界的傳統企業。由於業界的不同，對於數位的因應方式也不同，但他們都是以「提供顧客個人化服務」作為強項，展開全新的競爭。關於這點，YAMAP、snaq.me、TRIAL 也一樣。而實現這一切的泉源，若以顧客關係 4P 來檢視，關鍵在於確立下列這四個要素。

1. 明確擁有顧客眼中的「連結價值」（Engagement）

2. 擁有以數位為前提的顧客連結點（Place）

3. 擁有認證每位顧客的數位 ID、資料和系統（Data System）

4. 對每位顧客做出最適合且最直接的提案，展開顧客關係管理（CRM Program）

　　上述四項要素，和 Part 3 介紹的「亞馬遜所體現的商業模式要訣」的內容一樣。若能穩固地擁有這四個要素、構築與顧客的連結，如此，不只能提高公司處於原有業界的競爭力，還能進軍新的業界。從中可以看出，數位時代下的商業模式所帶來的競爭，其要訣有以下幾項。

　　第一項，「顧客價值帶來的競爭」。假設顧客價值相同、各家企業相互爭奪與顧客的連結，如此一來，就算在商品和業務形態劃分之下分屬不同業界，仍會導致激烈的競爭。露露樂檬和派樂騰的顧客價值都是標榜「Empowering People」，便是同樣的情形。如果光看商品類型，他們是分屬不同的業界，但彼此都追求實現顧客價值的結果，導致展開了明顯的競爭。以數位方式與顧客連結的時代，就是

基於顧客價值，互相爭奪與顧客連結的競爭時代。

第二項，「以 1st Party Data 的質來競爭」。截至目前為止，我們看到的每一家企業都是直接面對顧客，透過自家公司的 ID 來掌握顧客的「行動」。在以數位為前提的商業模式中，擁有多少顧客、多強大的顧客基礎、以這項顧客基礎來讓顧客行動視覺化的 ID，都同樣不可或缺。保有更多數量、更高的品質，都會成為公司的資產。這不只會帶來今後的競爭優勢，也會成為與其他公司結盟的基礎。反過來說，與顧客的連結太薄弱、單純只能掌握顧客購買資料的企業，便會削弱競爭力，顧客將不會持續選擇他們；而看在其他公司眼裡，恐怕也不會認同其價值，甚至不認為他們是值得合作的對象。

第三項，「顧客連結點的競爭白熱化」。露露樂檬的 Mirror、派樂騰的智慧型飛輪車、沃爾格林的 app，都是在顧客購買商品服務後的使用時間內、自家公司可用來構築連結的顧客連結點。正因為是配置在使用時間內的顧客連結點，才能掌握「顧客行動」，就此成為與顧客建立緊密連結的場所。假如 1st Party Data 的質是這些競爭力的泉源，那

麼，與顧客的使用時間連結的顧客連結點，則是用來取得這個泉源的入口。要像 TRIAL 的智慧購物車一樣、由自家公司開發，或是像露露樂檬一樣、從其他公司取得呢？無論如何，擁有可以連結顧客的顧客連結點，想必會成為今後競爭的前提條件。

接下來會針對第三項「顧客連結點」的重要性與進化，再做一番略微深入的討論。

PART **6**

改變掌握
資料的方式

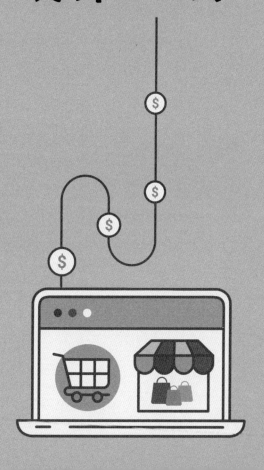

13 以「線上與線下的融合」為前提

一切都是從「通路革命」開始

本書截至目前為止，都是透過具體的實際案例及其導致的競爭，以審視數位革命帶來的「顧客價值的變化」與「商業模式的變化」。如前所述，這些變化絕非一連串不連續的現象。這些全是在數位革命的大潮流中，以「融合了線上與線下通路的構造的進化」為前提，連續顯現在外的現象。換言之，筆者們在前一部著作《為什麼亞馬遜要開實體商店？》中提到的「通路轉移」，可說是伴隨著具體的顧客變化、實際展現出來的企業全新策略。

所謂的「通路轉移」是一種策略：

1. 以線上作為立基點，進軍線下

2. 建立與顧客的連結

3. 改變行銷要素本身

　　從上一本書出版後、到現在所發生的事，都沒有跳脫出這個定義之外；在新冠肺炎這個激烈的環境變化的推波助瀾之下，漸漸能夠看清一切事物的真正意涵。這幾年來，筆者們在實務現場親眼目睹其進化，以及企業投入的挑戰。2018年面對的是通路轉移、2019年面對的是用來與顧客連結的資料基礎、2020年之後面對的是以這些作為前提的商業模式變革。我們面臨許多課題，雖然課題一直在改變，但它們的起點仍在於通路應有的理想狀態。因此，儘管本章節與前一部著作的內容有所重複，但我們還是想重新確認，作為商業模式變革起點的通路之重要性。

☑ 光是將通路轉移到線上，還不夠

　　由於新冠疫情的緣故，許多企業投入線上的轉換，但正如同我們在 Part 1 所討論的，多數企業只是單純準備了線下與線上兩方的連結點。

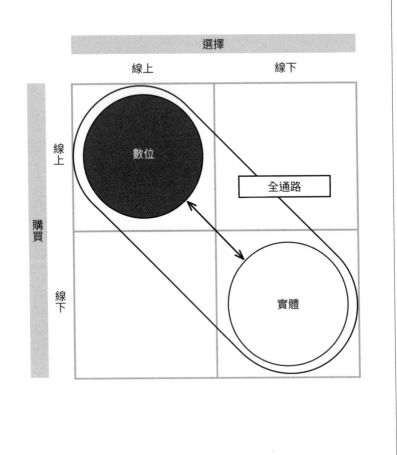

通路轉移矩陣──全通路的狀態

選擇

線上　　　　　　　線下

購買

線上

線下

數位

全通路

實體

對此，我們從 CAINZ、宜得利、派樂騰等案例中看到的，是「在顧客體驗中融合線上與線下」，也就是實現「OMO」（Online Merges with Offline）的狀態。

　　我們必須先確實地認識其差異：是純粹只停留在備有線上與線下兩方的全通路？還是能實現讓線上與線下融合的OMO？在新冠疫情之下，兩者間的區別就此藉由顧客體驗的差異而體現出來。

　　筆者們想先用前一本書介紹過的「通路轉移矩陣」來展現這點。圖中橫軸指的是顧客「進行選擇的場所」：顧客找尋資訊、選擇購買商品的場所，是以線上或線下作為區分。縱軸指的則是顧客「進行購買的場所」：顧客完成商品購買的場所，也是以線上或線下作為區分。

　　在新冠疫情之前或新冠疫情期間，許多企業急速推動從線下店面這種實體的顧客連結點，轉移至電子商務或 app 這類數位的顧客連結點。走到這一步，在線上與線下都擁有顧客連結點，實現了統一管理庫存的「全通路」狀態。

　　對此，筆者們在前作中提到，假如只是擁有實體的顧客連結點與數位的顧客連結點，已無法實現數位時代下具有獨特性的顧客體驗。首先，所謂的顧客連結點，並非只侷限於店面，另外還有 app 或自己家中的物聯網設備等，所有

東西都能成為顧客連結點。接下來，是要運用任何一個顧客連結點來認證每一位顧客。與這些連結點合作，實現最合適的無縫連結顧客體驗。這些是 OMO「融合線上通路與線下通路」的要點，擁有這種顧客連結點，將成為今後競爭的前提。

本書所提到的那些取得全新商業模式的企業，也都是以 OMO 作為前提。例如 TRIAL 所實現的，是融合了智慧購物車（數位顧客連結點）與店鋪（實體顧客連結點）。派樂騰則是將智慧型飛輪車這種線上的顧客連結點，帶進線下的顧客家中。值得注意的是，他們都是透過線上與線下的融合，來創造出個人化的「全新顧客服務」。

☑ 以數位 ID 認證所有顧客

若要實現 OMO，就必須以數位 ID 來認證顧客，不管是用線上或線下的方式，都要透過數位方式來提出過去所沒有的顧客服務。若從顧客的觀點來看，無論是線上或線下的顧客連結點，其本身都沒有價值。不論是哪個顧客連結點，唯有顧客覺得自己被正確地認證、理解，從而接受有價值的服

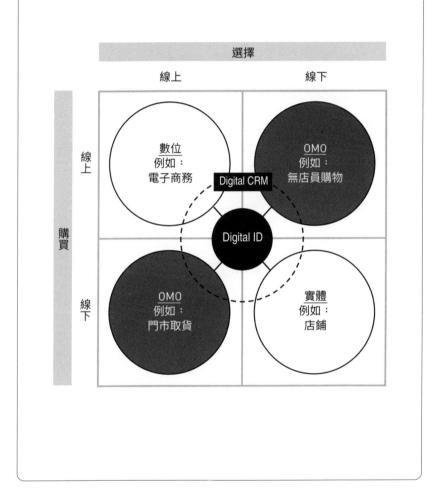

通路轉移矩陣──OMO 的狀態

選擇

| 線上 | 線下 |

數位
例如：
電子商務

Digital CRM

OMO
例如：
無店員購物

Digital ID

OMO
例如：
門市取貨

實體
例如：
店鋪

購買　線上　線下

務和提案，顧客才會活用 OMO 化的通路。筆者們在上一本書和本書中也一再提及此事，但是，在此還是重新以通路轉移矩陣來表示。

這意味著，唯有以數位方式與顧客連結，據此作為前提，才能實現個人化的顧客體驗。不過，在實體店面，仍可藉由店員認證顧客，或是以設備認證顧客，進而在店面提供個人化的服務或資訊。

然而，現在有些人在思考 OMO 時，還是會忘記必須站在顧客立基點上進行「開發顧客服務」的討論。這是因為，只以 OMO 這個「通路狀態」為目的，卻沒看到它未來的「商業模式」。

如前所述，通路 OMO 化是必然的趨勢，以此為前提，針對商業模式進行數位轉換的競爭者也逐漸增加。如果只是持續以既有的商業模式來面對全新的競爭，甚至會連開戰的準備都沒做好。

就像本書一再提到的，顧客會毫不留情地變心，而數位時代下的新競爭對手也會毫不留情地見縫插針。既然顧客本身的日常生活轉換為數位方式，出現了新的選項，他們通常就會改變選擇。

先進的企業是如何掌握數位與實體相互融合的顧客連結

點，這與之後的商業模式變革息息相關，我們對此要有明確的認識，並以它作為策略立基點，使 OMO 進化。其中一個代表性企業，就是以線下來對抗亞馬遜的沃爾瑪；經過新冠疫情後，他們已更加明確地展現出策略意圖。

14 Walmart——將食材送進冰箱裡，掌握「顧客行動」的實驗

📋 因新冠疫情而提高的服務需求

或許有人會認為，新冠疫情下的零售業者只有亞馬遜一支獨秀，其實不然。儘管沃爾瑪的業績在 2020 年第三季（8～10 月）的成長有所減緩，但依舊維持成長，在新冠疫情中，遠超過市場預期。而且，他們仍沒有停止進化。

2020 年 9 月，他們展開包含當日配送在內的訂閱型「沃爾瑪＋」。網購的營收持續成長，與去年同期相比，第三季的業績增加79％，且持續維持如此高的數字。

執行長董明倫說：「（在新冠疫情下誕生的）新消費行動大部分都會持續下去。我確信，若結合我們店鋪的強項與數位化，將會促成好的結果。」他甚至斷言會讓疫情前的變革

持續進化（資料來源：日本經濟新聞，2020 年 11 月 17 日）。

此外，沃爾瑪的首席客戶長（Chief Customer Officer）珍妮·懷特塞德在 NRF 2021 針對公司的消費行動和重點策略做了一番更詳細的說明。

懷特塞德首先針對顧客的變化提到「許多顧客對現在的經濟狀況感到不安，同時也不看好經濟能很快恢復」。因此，不光是追求安全，追求節省的概念也變得更加普遍。也就是說，現在正是考驗沃爾瑪的 EDLP 理念（Everyday Low Price，意指不設特賣期間，全年都以相同的低價販售的價格策略）、其真正價值的時候；該如何以固定的價格，穩定地

沃爾瑪推出的「沃爾瑪＋」（取自沃爾瑪網站）

配送平日所需的商品，這項使命更顯重要。

　　顧客為了追求安全，導致取貨（店面取貨）和配送（宅配）的服務需求大增。2020 年第一季（2～4 月）新冠疫情初期，這些服務的使用成長了 300％。

　　懷特塞德指出，在新冠疫情下，業績成長的主因，是沃爾瑪已經準備好完善的系統，能夠因應顧客的線下或線上訂購，而且能藉由系統來因應需求的急遽變化。

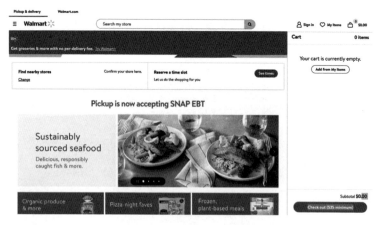

特別因應「Pick Up & Delivery」的頁面（取自沃爾瑪網站）

📋 為了讓顧客提供進一步的資訊，「信賴」最為重要

懷特塞德也對新冠疫情過後的市場模樣做出預測：「顧客的『服務需求』將會提高。」企業所取得的資料並不是要用來追著顧客跑，而是「為了因應顧客對服務的要求」，這個想法也變得更加明確。

舉例來說，取貨和配送的服務的需求會急速攀升，正是因為早已了解顧客的資料，才得以實現這點。此外，由於對資料有一份信賴，亦即顧客相信不認識的店員會了解自己的需求，備妥並配送自己訂購的商品，正因如此，「為了讓顧客提供進一步的資訊，『信賴』是最為重要的」（引用自懷特塞德）。懷特塞德說道：「無論再怎麼善於取得或活用資料，只要無法成為顧客覺得舒適的服務，就沒有任何意義。」

倘若有來自顧客的資料和信賴，便有可能做出更適合顧客的提案，而這會促成沃爾瑪的成長。換言之，今後的策略構想是「以來自顧客的信賴和資料為基礎，透過對顧客的提案和個人化服務來一決勝負」。即便這句話本身是企業在因應數位化時經常聽到的說法，但當這句話出自零售業龍頭的

沃爾瑪時，更是別具意義，因為他們是真的「想打造這樣的世界」。

在顧客的使用時間擁有連結點，了解其行動

　　為了上述的目的，必須在顧客的使用時間擁有顧客連結點，了解顧客的行動。為了具體呈現這點，沃爾瑪所推出的一項個人化服務，就是從 2019 年起實驗性展開的「InHome Delivery」。這項宅配服務是由顧客事先設置好智慧鎖，之後由沃爾瑪的配送員自行解鎖開門，將生鮮食品送進冰箱或車庫。配送員於沃爾瑪網站首頁有大頭照和個人檔案介紹，在配送時會配戴運動相機，這個機制可讓顧客透過相機以 app 的影片來檢視配送狀況。

　　懷特塞德將這項服務的顧客價值視為「日常必備的食品補充」。企業往往會把「抵達冰箱」的最後一里路視為目標，但若從顧客價值的觀點來看，顧客真正追求的是冰箱裡的必備品永遠都能獲得「補充」。InHome Delivery 在本質上的顧客價值不是配送，而是「補充」，從而誕生更進一步的

服務進化。

懷特塞德也說道：「這就像是對冰箱的『自動補充』。」以冰箱作為與顧客的連結點，了解顧客的使用模式，再運用 AI 來判斷顧客需要什麼。在配送的時候，由沃爾瑪選擇顧客需要的東西，並直接下訂。

換句話說，沃爾瑪想要將顧客家中的冰箱變成「掌握顧客行動的連結點」。只要比對購買履歷資料和冰箱的庫存狀況，就會知道顧客在一定期間內「使用」了什麼，以及用量的多寡。如果是像牛奶或蛋這類的日常食品，就能明白其最適合的補充量和頻率。只要顧客願意，便不必每次都自己選擇，而是能將這些工作全部交由沃爾瑪處理。

Choose how you want InHome to deliver

Every visit starts with a knock & ends with a perfect delivery—just tell us where.

Brought into your garage　　Placed a few steps inside your door　　Put away neatly in your kitchen　　Learn what happens on delivery day ›

沃爾瑪的 InHome Delivery 服務（取自沃爾瑪網站）

這當中不只是生活必需品，也包含了來自沃爾瑪的新提案。僅管顧客不一定需要，但充分了解顧客的沃爾瑪，會於平時做出提案，讓顧客邂逅未知的商品。

當然，也有可感應庫存的物聯網冰箱這種構想，但革新並不在於物聯網設備本身。沃爾瑪了解，能加以活用的顧客基礎與顧客行動的資料，才是最大的強項。

InHome Delivery 是否能成功，尚且是個未知數。要求顧客設置智慧鎖，這種引進服務的門檻還是太高了。然而，沃爾瑪想以這樣的服務實驗作為踏板，「在顧客家中設置能成為顧客行動資料入口的顧客連結點」。

就算這項服務沒能普及，想必沃爾瑪也會反覆從其他服務類別的錯誤中摸索。以結果來看，他們不只打造了穩固的顧客基礎，也將他們所取得的顧客行動資料（根據顧客在家中的使用時間）當作武器；當顧客將商品的選擇全部交給沃爾瑪處理，其商業模式就會和以往的零售業截然不同。沃爾瑪與製造商之間的關係將會改變，同時也會大幅改變零售業界的競爭規則。沃爾瑪之所以將冰箱納入、挑戰 OMO 進化，想必是因為他們明白這點。

15 Amazon Fresh ── 智慧結帳購物車和 Alexa 帶來掌握資料的衝擊

☑ 連結店內時間與家中時間

　　接著，我們再回到亞馬遜。當然，亞馬遜也讓 OMO 更加進化。生鮮食品界是號稱被亞馬遜破壞的業界之一，2020年 9 月，在新冠疫情的肆虐下，全新的生鮮食品超市「亞馬遜生鮮」（Amazon Fresh）開幕了。

　　筆者們在聽到這個消息時所受到的衝擊，遠勝過當初聽到「亞馬遜 Go」的消息時。這是因為，亞馬遜 Go 遠遠比不上亞馬遜生鮮的大型店面；亞馬遜生鮮在生鮮食品界裡，真正體現了亞馬遜所追求的商業模式。

　　亞馬遜生鮮在實體店面中引進的全新顧客連結點之一，是智慧結帳購物車。就像 TRIAL 引進的智慧購物車一樣，

購物車皆裝設了影像終端設備和結帳功能。

　　只要讓結帳購物車所裝設的終端設備讀取自己手機的app進行登記，事先登錄好的購物清單就會顯示在購物車的螢幕上。只要在店內走動，將商品放進購物車內，就會被掃描登錄；如果繼續推著購物車在店內走，便會根據附近所屬的分類，在螢幕畫面上顯示「推薦商品」。在登記時，也會一併完成與帳戶的連結，所以，接下來不用在結帳區排隊，只要推著購物車走出專用出口，就能在線上完成結帳。

　　此外，也能處理商品的配送到府，以及領取事先訂購的商品。店內還設有亞馬遜的智慧音箱，無論顧客想要的商品位於店內的哪個走道，Alexa都會替客人引導，藉此徹底活用設備。顧客的購買履歷也會反映在線上的亞馬遜生鮮裡；顧客在線上與線下兩方面，都能接受亞馬遜生鮮提出的購物建議。

　　值得注意的，並非只有店內的數位科技進化的方式。亞馬遜生鮮的最大特徵，是在食品領域中推展廣泛的自有品牌，以及透過智慧音箱有效地掌握顧客的使用時間。

　　舉例來說，假設顧客在店裡購買玉米片，之後又在購物清單上追加玉米片。當然，這能推測顧客已「使用過」先前購買的玉米片。也就是說，亞馬遜利用智慧音箱這個顧客連

亞馬遜生鮮的購物車會讀取 Alexa 製作的購物清單，進行購物。店裡擺放許多亞馬遜自有品牌，會從眾多分類中挑選出「推薦商品」，顯示在購物車的螢幕畫面上。（2021 年 11 月，田原美穗拍攝）

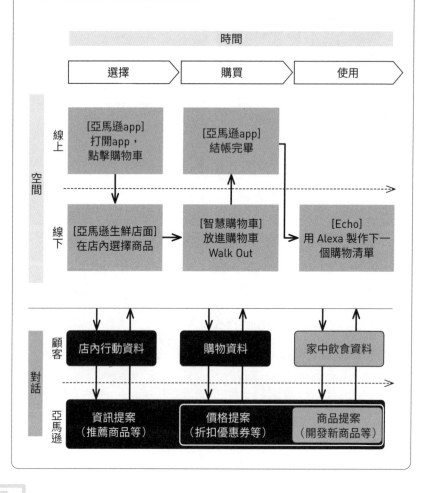

亞馬遜生鮮取得顧客行動資料的可能性

亞馬遜生鮮根據顧客的時間來取得「顧客行動資料」，除了能據此調整資訊和價格，也能對商品本身做最適合的調整。

時間

| 選擇 | 購買 | 使用 |

空間

線上
[亞馬遜app]
打開app，
點擊購物車

[亞馬遜app]
結帳完畢

線下
[亞馬遜生鮮店面]
在店內選擇商品

[智慧購物車]
放進購物車
Walk Out

[Echo]
用 Alexa 製作下一
個購物清單

對話

顧客
店內行動資料

購物資料

家中飲食資料

亞馬遜
資訊提案
（推薦商品等）

價格提案
（折扣優惠券等）

商品提案
（開發新商品等）

結點，透過 Alexa 於「購物清單追加品項」的行為，便能掌握到「顧客使用過這項商品」的顧客行動資料。

日本還沒有亞馬遜生鮮（截至撰寫本文時），但是，透過 Alexa 向顧客提案，這早已在日本施行。例如，筆者們都是透過家中的 Alexa 來訂購日用品，而在購買貓食這類用品時，Alexa 總會在快吃完的絕佳時機傳來催促加購的訊息。亞馬遜生鮮也藉由連結實體店面，實現了更有價值的顧客體驗。

☑ 「根據資料來開發商品」的現實

2018 年登場的亞馬遜 Go，聚焦在「實體店鋪裡的時間」，主要傾注心力於提供能無縫銜接、縮短購物時間的購物體驗。在商品陣容方面，備有各種午餐餐盒，就像市中心的便利商店一樣，充分掌握民眾的使用需求。

另一方面，亞馬遜生鮮的確是像生鮮食品超市一樣，品項十分齊全，成為購買次數和來店次數都很多的店鋪。亞馬遜透過日用品種類繁多的顧客連結點，來掌握顧客行動資料，這意味著他們能加以活用並取得對顧客的提案權。除了

推薦下一個商品的「促銷方案」（Promotion），他們還推出適合 Prime 會員的個別「收費方法」（Price），並且將自有品牌產品當作最適合的「商品」（Product）。事實上，在亞馬遜生鮮面積廣大的店鋪裡，大量地擺放了亞馬遜經手的自有品牌與 Whole Foods 的自有品牌。換句話說，藉由認證每一位顧客、了解其行動，就能將每項策略結合起來，展開整體性的 CRM（顧客關係管理）。

筆者們以前到美國視察亞馬遜 Go 時，曾經與打造亞馬遜 Go 的 AWS（亞馬遜網路服務）工作成員進行討論。關於技術開發方面的事情，我們當然很感興趣，但相較之下，工作成員所做的一貫性說明，更令我們感到震撼。他們大部分都是技術人員，「將線下的顧客行動當作資料來加以掌握並活用，不分線上或線下地向顧客提案」，據此來統一亞馬遜 Go 的策略。

亞馬遜 Go 實現了「Just Walk Out」的體驗：只要在店內登記、經過個人認證，便不用花時間結帳，只要拿走商品就行了。這是只停留在線下的店鋪所沒有的美好購物體驗。如前文所述，除了亞馬遜 Go 之外，亞馬遜還收購了 Whole Foods，利用亞馬遜 Echo 來擴大 Alexa 的規模，以和顧客的連結作為立基點，追求最適合的商品服務、收費方法、促銷方

案，而這一切都只是實現此種商業模式的序章罷了。

2021 年 8 月，有報導指出，亞馬遜在零售業方面的商品成交金額第一次超越沃爾瑪。而且，在同一時期，亞馬遜還計劃要開設像百貨公司般的大型店面。其所帶來的衝擊，甚至令美國零售業各家公司的股價暫時下跌。零售業的「Be Amazoned」（意指業界遭到亞馬遜破壞），正在一步步進行中。

假如其中一個模式完成後的模樣是亞馬遜生鮮，那會是什麼情況呢？亞馬遜在開發亞馬遜 Go 時，看中的不只是包含使用時間在內的「融合線上與線下的顧客連結點」這樣的 OMO，而是更長遠的「零售業的商業模式變革」。

看來，企業需要面對的課題果然不是通路數位化本身。以數位為前提的商業模式變革，並非與「通路轉移」處在非連續的關係上，而是很確實地在同一條線上。將顧客的使用時間也納入視野中，擁有自己的一套「掌握資料的方法」，將會決定自家公司於數位時代下的競爭力。亞馬遜生鮮的登場，可說是更強烈地指出這點。

PART 7

改變事業系統

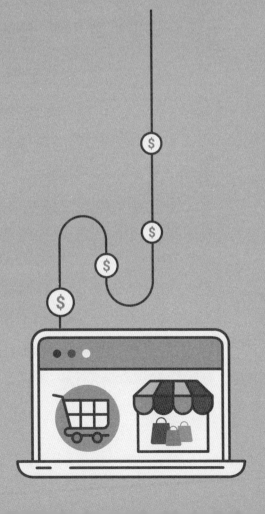

16 只有商業模式是無法運作的

☑ 行銷進化之下的「經營角色」

　　本書前半段所要傳達的是，一旦企業置身於數位革命的前提下，那麼，不只是通路需要數位升級，商業模式也需要數位升級；也就是指出構築「以數位方式和顧客連結作為立基點的商業模式」之重要性。

　　然而，若只是描繪商業模式的數位升級的形態，這樣是無法運作的，這是事實。這是因為，作為經營前提的策略和組織，與過去以線下當立基點的策略和組織有所不同。先前提到的派樂騰所採取的策略和組織，與其他以線下當立基點而破產的健身企業，想必截然不同，因此這點並不難想像。

　　換言之，為了讓新的商業模式能夠運作，相關的顧客策略和事業組織也需要改變，我們對這點必須有所認知。反過

來說，如果能構築出自家公司的一套獨到的事業系統，並累積見識和能力，其他公司要模仿的困難性就會提高。以數位為前提，認識在企業經營方面的各種要素的現狀，並構築出與眾不同的系統；在數位時代實現如此的商業模式，正可說是經營者的工作。

數位事業系統的必要性

那麼，面對如此廣泛的檢討，該用什麼樣的觀點來看待呢？在這一章，我們會以圖示來說明可活用於實務現場的「數位事業系統」概念。該如何看待自家公司的行銷數位化轉型？為了實現「以自己與顧客的連結作為立基點」的商業模式，該如何改變經營方式？我們必須將之視為平面圖，用來確認經營高層與自己目前所在的位置。數位事業系統需要將企業應具備的要素及其連結視覺化，以便讓以數位為前提的商業模式能夠運作。

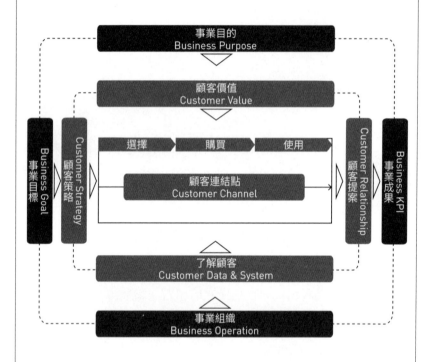

九個提問

　　所謂的系統，並非是單純地羅列出各項要素，而是要在它們相互產生關係後，才會開始發揮功能。希望讀者在解讀各個要素所具備的含意時，能將數位事業系統的圖表當作檢核表使用，檢視自家公司是否擁有這些要素，以及各個要素是否已獲得整合。筆者們也希望讀者能試著以這個觀點對此圖所顯示的各個要素擬定「提問」，亦即以下這九個提問。

提問1　在數位社會中，自家公司的**「事業目的」**為何？

提問2　在數位社會中，自家公司的**「事業目標」**為何？

提問3　為了達成事業目標，需要什麼樣的**「顧客策略」**？

提問4　能使顧客想要和自家公司繼續保持連結的**「顧客價值」**為何？

提問5　為了實現顧客價值，需要什麼樣的**「顧客連結點」**？

提問 6　透過這個顧客連結點，需要什麼樣的**「顧客提案」**？

提問 7　為了向顧客提案，需要什麼樣的**「了解顧客」**機制？

提問 8　該以什麼指標來檢測**「事業成果」**？

提問 9　為了實現並運用以上的要項，需要什麼樣的**「事業組織」**？

　　針對這些要素，筆者們首先說明本書提及的部分所具備的意涵。

提問 1.

在數位社會中，自家公司的「事業目的」為何？

　　所謂的「事業目的」，指的是使以下這件事變得明確清楚：自家公司正在進行或準備進行的事業，是為了達成何種目的。並不是以自家公司的觀點，而是必須站在顧客的立基點上，釐清並設定要解決哪些社會課題，或實現什麼樣的社會價值。

當創業者展開新創事業或 D2C 事業時，往往會將自己對現今社會感到義憤填膺的事，標榜為事業目的。例如，來自美國的運動鞋品牌 Allbirds，其事業目的是「實現一個能永續運作的社會」，因此，他們活用回收的循環型材料來推展事業。

最重要的是定位。以數位為前提的事業系統，並非從資料或系統開始思考。數位只不過是一種方法；「為了社會與顧客，要以什麼為目標」，這才是在構築活用數位的事業系統時、指引方向的北極星。這是以價值來定義，而不是數值，這會為企業想要實現的「顧客價值」訂立方向。如果事業目的不明確，就無法訂出自家公司獨特的顧客價值。

提問2.

在數位社會中，自家公司的「事業目標」為何？

所謂的「事業目標」，是為了達成事業目的，在一定期限內應該達成的目標。企業必須從兩方面來釐清事業目標，分別是自家公司想達成的地位（亦即「定性的設定」），以及營收和利潤（亦即「定量的設定」）。舉例來說，若想要

實現理想的社會，企業該獲得何種程度的市場地位？同時，這表示企業得提升多少營收和利潤呢？事業目的是根據社會或顧客的觀點來設定的，相對於此，事業目標則是依據自家公司或業績的觀點來設定。

為了構築數位事業系統，我們非常需要數位顧客連結點，以及用來了解顧客的資料和系統，或者是對顧客關係管理的投資。企業必須加入這些要素來設定事業目標。

「為了達成事業目標，需要什麼樣的顧客基礎」，企業也必須以如此的形式來決定顧客策略。假如缺少了設下明確期限的事業目標，就無法設計顧客策略。

提問3.
為了達成事業目標 ，需要什麼樣的「顧客策略」？

本書所提到的顧客策略，指的是設定下列目標：「以誰為顧客，能構築何種程度的顧客基礎，在什麼時間之前完成」。

根據事業目標所設定的營收或利潤目標，是能從顧客那裡獲得的營收和利潤的總和。也就是說，「顧客人數 × 購

買單價 × 購買次數＝事業營收」，這會與根據事業目標所設定的數值一致。要站在顧客終身價值的觀點，重新定位事業營收的目標，改成以顧客為單位。

顧客策略將會定義誰是顧客，也會直接與顧客連結點的設計產生連結。如果不知道自家公司想取得何種顧客，就無法決定該配置什麼樣的顧客連結點，又或是實現什麼樣的體驗。

在構築以數位為前提的事業系統時，往往會在顧客策略的設定上栽觔斗。有時甚至會在沒有顧客策略的情況下，就想要討論顧客價值或是構築 OMO。如此一來，不論是辭句再華美的顧客價值、看起來再有系統的 OMO，目標一樣是不明確的，無法造就事業成果。

當企業在顧客策略的設定上栽觔斗，其中一個原因是「經營高層拒絕思考顧客策略」，總是會出現「說到底，我們公司是製造商，不適合設定以顧客為單位的顧客終身價值」、「我們賣的是高級商品，顧客終身價值太過多樣，無法作為參考」、「我們有多種事業部門，以獨斷的觀點擬定顧客策略，不符合現實」等等理由。企業若是採取「賣出就不管」的商業模式、從中獲得成果，那麼，想要擬定以持續服務為前提的顧客策略，確實不容易。

然而，如果想構築以數位為前提的事業系統，就更需要設定顧客策略。

　　對於採取舊有商業模式的企業來說，「如何讓顧客選中並購買」當然很重要，因此企業以往都是將活動重點擺在這裡。但是，新的商業模式並非是「賣出一次就不管」了。不論是食品、健身、服飾或健康管理，都要持續讓顧客對企業所提供的商品服務功能、體驗、連結感到滿意，使顧客反覆地「繼續使用」，以此作為目標。因此，事業目標是所有顧客終身價值的總和，顧客策略則是將之分解成顧客數量、狀態、行動，據此描繪而成。

　　換句話說，如果不將營收分解成「顧客人數 × 購買單價 × 購買次數」並加以掌握，當企業想要更動這些變數時，便無法思考需要向顧客做出什麼樣的提案。

提問4.
能使顧客想要和自家公司繼續保持連結的「顧客價值」為何？

　　關於「顧客價值」，如同第二章所說明的，正因為是以

數位為前提，所以需要的不是如何留住顧客，而是要找出能讓顧客覺得「想繼續保持連結」的理由，也就是顧客關係價值的設定。在顧客關係 4P 所指出的數位時代的商業模式之下，顧客價值位於核心的位置。

顧客價值與事業目的所指示的社會價值整合，會直接連結到將之實體化的顧客連結點的設計。即使能描繪出顧客連結點的動向，但要是實體化的價值未能成為「顧客眼中與企業連結的理由」，就會變成是企業自己一廂情願、而顧客根本不存在的顧客旅程。企業必須透過一連串的顧客連結點來設計，讓顧客能真切感受其價值，這就是顧客價值與顧客連結點的關係性。

此外，企業設定的顧客價值，將會決定「誰是顧客」的顧客策略，以及要向顧客做出何種提案的「向顧客提案（商品、價格、促銷）」之設計方向。以顧客為立基點，重新構築事業，也就是重新詢問顧客價值。自家公司「想要實現什麼樣的顧客價值」——這個想法將會決定一切。

截至目前為止的事業目的、事業目標、顧客策略、顧客價值，都是在構築數位事業系統時的主軸。這時所設定或確認的內容，都會因之後的要素而實體化。

提問5.
為了實現顧客價值，需要什麼樣的「顧客連結點」？

關於「顧客連結點」，就像前面所說明的，指的是與顧客的所有連結點。

顧客關係 4P 所指的 Place，於此則是站在 OMO 構造的前提下。如同前文所提的案例一樣，以顧客的選擇、購買、使用時間為對象，來配置顧客連結點。透過融合了線上與線下顧客連結點的合作，實現其他公司所沒有的顧客體驗，這將成為數位事業系統的核心。

以派樂騰的情況來說，包括智慧型飛輪車、店面，以及身為紐約聖地的攝影棚在內，擁有多樣的顧客連結點，依照顧客旅程來配置這些連結點，讓它們產生連動，藉此構築與顧客的連結。

先前設定的事業目的、事業目標、顧客策略、顧客價值，會化為顧客行動走向，就此在顧客連結點上開花結果。而在顧客連結點的設計方面，常見的失敗就是忘了這些前提，便直接描繪起顧客旅程。以企業的觀點而言，即便描繪出自以為是的顧客行動走向，所謂「想留住顧客」的想法，

也只是在紙上畫大餅罷了。

　　生活在數位社會中的顧客，不會無條件地找上企業所準備的顧客連結點。就算硬要挽留顧客，這種顧客連結點也只會毀了顧客價值，引來顧客的背離。

　　顧客連結點的設計，會反映在具體實現的「向顧客提案（商品、價格、促銷）」的設計上。例如前面提到的亞馬遜生鮮的案例，他們不只在顧客的時間內配置了店面、智慧結帳購物車、智慧音箱等多種顧客連結點，還提供獨特的商品和購物清單等服務，進行即時推薦。換句話說，在配置連結點的同時，必須加以描繪將會實現何種體驗。

　　在現今這種持續轉換為數位的生活中，顧客會在線上與線下之間自由來去，是很理所當然的事。標榜顧客至上的企業，必須將顧客連結點置於事業系統的核心，也要每天確認事業系統的各個要素是否一致，以促進其實現和活性化。

提問6.
透過這個顧客連結點，需要什麼樣的「顧客提案」？

「向顧客提案」，指的是用來讓公司與顧客的關係活性化的個人化CRM活動。

假如根據設定的顧客策略來設計顧客連結點，透過這些連結點，能引導出什麼樣的提案呢？如同顧客關係4P所示，包含商品服務、收費方法、促銷方案在內，這些都是統括性的CRM計畫，會因應與顧客的關係來提供不同的方案。

向顧客提案的結果，會與事業成果產生直接連結，也就是對哪個顧客層級做出什麼樣的提案。如果無法基於顧客策略和顧客連結點來設計對顧客的提案，那麼就算做出了事業成果，也無法確定是以哪個方法打動了顧客，或是哪個方法無法打動顧客。

此外，這時候的「向顧客提案」，當然是為了實現顧客價值；而為了進行這項顧客提案，應該要根據企業是否有了解顧客的必要，來定義資料系統的理想狀態。反過來說，

無助於對顧客提案的資料系統，就算當作事業來投資也沒意義。

提問7

為了向顧客提案，需要什麼樣的「了解顧客」機制？

「了解顧客」指的是本書前面所提到的商業模式中，用來認證顧客的 ID、資料和系統。

最重要的是，要用哪個 ID 來證認每一位顧客、掌握其行動資料，都必須要清楚明確。此外，這時也要活用 CDP（Customer Data Platform，顧客數據平臺）和 MA（Marketing Automation，行銷自動化）、BI（Business Intelligence，商業智慧）等眾多系統。

但是，就算資料與系統都十分齊備，也不可能自己任意地構築出與顧客的連結、展現出事業成果。該如何活用顧客連結點，向顧客做出提案呢？為了進一步加以提升，企業該從這些連結點中掌握到什麼樣的顧客行動資料，並做出分析呢？答案是必須強化與顧客的連結，以此為目標，抱持符合目的的觀點，構築出最適合整體的資料與系統。

提問 8.
該以什麼指標來檢測「事業成果」？

所謂的「事業成果」是指，透過迄今為止的整體活動來追求 KPI 的設定。

企業必須追求對顧客提案的結果，亦即事業成果。然而，企業不該只是追求對顧客提案的各個措施的執行效率。由於是根據顧客行動來擬定顧客策略，因此不應以商品銷售量來評估事業成果，而是要以顧客行動的結果來評估。關於推行顧客提案方面的效率性，並不是只評價它本身直接帶來的營收，也必須評價它對顧客行動帶來什麼樣的影響。當中具有代表性的，是顧客獲取率和顧客終身價值，但並非都是以「量」來評估，也會追求對顧客的狀態或連結能有所助益的評價指標，也就是「質」的理解。

如果是為了確認依據事業目的所標榜的價值是否已經實現，「顧客採取何種行動」的這項指標，便顯得很重要。要用什麼來評估事業成果，會根據能夠掌握的功能或體制等關係，為事業組織的理想樣貌確立方向。

提問9.
為了實現並運用以上的要項，需要什麼樣的「事業組織」？

所謂的事業組織，是為了運用顧客連結點、對顧客的提案、用來了解顧客的系統，所必需的功能和體制；旨在達成目前所設定的事業目的和事業目標。此外，也要確立組織應有的方式，包括要運行哪種會議模式。

對於尚未完成數位化的企業來說，組織應具有何種功能、該如何配置人員，這些都是特別重要的課題。若是強化目前的組織功能並轉換人員的配置，便能應付嗎？或是需要採納外界的組織能力呢？

本書所提出的商業模式，是顧客看了會覺得「這是他們依照和我的關係來活用數位措施，持續向我提出過去所沒有的顧客價值」的模式。也就是說，企業與顧客間的關係，並不是在商品服務售出時就結束，而是之後仍會持續下去。假如企業仍在使用以往「賣出就不管」的事業系統，這在他們眼中將會是很大的變革，組織的功能和體制也會產生非常大的改變。

在推行以數位為前提的商業模式時，最重要的課題想必是在這種數位事業系統之下，要如何打造事業組織。企業在實行上述策略的時候，不只要有確保人才的門檻；此外，假如沒有運用數位事業系統的經驗，就無法針對決定方向性的要素去縮小其範圍。

正因如此，企業必須確立這些相連的事業目的、事業目標、事業成果，以及用來了解顧客的資料系統等要素，並且有必要以整體公司的觀點，來考量如何創建一個可實現上述要素的組織。

✅ 得到「不知道答案」的答案

數位事業系統始終都只是一種設計的理念，不過，正因為是系統，所以各項要素相互地緊密連結，數位事業系統的圖表已明確指出這點。

許多企業雖然標榜顧客至上，但事業系統的考察卻以企業的觀點為主，並沒有發現各項要素仍未能整合。想要真正面對在線上和線下之間來去的顧客，進而實現真正的顧客至上，就必須透過數位的眼光來了解顧客行動，也要有一套能

將從中得到的知識順利反映在事業上的機制。因此，在改變這一切的過程中，並不是只要投入各項要素就好；能否讓它們合為一體、相互連結，據此進行構想，這點相當重要。

企業必須一面提升各個要素的精準度，一面思考最適合全體公司的做法是什麼。若要同時擁有多角度眼光和俯瞰式眼光，難度頗高。因此，如果不將之視為事業來經營並全力投入，勢必無法達成目標。想要建構一套可因應數位變革的系統，已經不該交由單一部門思考，而是應該抱持全公司的觀點去投入。

面對這九個提問，有些人能明確地回答，但有些人卻只能回答出「我們沒做」或「我不知道」的答案。不過，許多人稱「數位策略計畫」或「數位化轉型推動計畫」的工作，都是從「連自己哪裡不懂都不知道」的狀態下開始展開的。當經營者對自己「不懂」的這項事實有所認知，意義便十分重大；因為或許能就此創造出自家公司的事業系統。

本書中的數位事業系統圖表，就是為了讓這一切視覺化，所以希望讀者能加以活用。

17 實踐「全新的基礎」── 三個必備的觀點

經營者該思考的事

數位社會是「能時時與顧客保持連結的社會」。顧客對企業要求的事，以及顧客感受到的價值，都會逐漸改變。因此，本書聚焦於該以何種商業模式為目標，一路展開解說。

另一方面，站在經營者的立場來看，如前一節所述，追求的是推動俯瞰式的事業系統結構。今後 20 年，數位革命將進入後半場的戰役，而自家公司身處其中，其存在意義究竟為何？顧客繼續選擇你們的理由為何？為此，該如何改革並強化組織呢？這些都是經營者在事業系統中尤其應該思考的重點。關於其思考方式，筆者們從過去眾多的實務現場中得到三個觀點，希望能在此分享。

▌（一）Purpose —— **重新思考事業的原點**

在事業系統中，一開始便必須設定事業目的。「為何要開展事業？」，這等同於思考企業的「Purpose」。

「Purpose」譯為「目的、意圖」，近年來常被視為經營或打造品牌的關鍵字，而在歷經新冠疫情後，許多企業都被詢問其存在意義，因此，已愈來愈有必要重新思考這個詞的意義。

企業在數位時代的「存在意義」為何？

在筆者們經營的顧客時間股份有限公司，伴大二郎是客戶關係管理策略長，他也在雲端型 app 開發平臺「Yappli」的 Yappli 股份有限公司裡擔任執行專員，多年來一直很關注 NRF（全美零售業協會）的動向。據他所言，在 NRF 的討論會上，也愈來愈常談到企業目的的重要性。

舉例來說，在 NRF 2020 舉行的 IBM 會議中，介紹了在今後的社會裡，與「消費品品牌被選中的理由」有關的美國調查結果。根據調查結果，面對「依照什麼來選擇消費品品牌？」的提問，回答「以價值和價格來判斷」（value driven consumer）者占 41％，回答「以企業和品牌的存在理由來判斷」（purpose driven consumer）者也高達 40％。

此外，在 NRF 2021 中，微軟發表了針對「美國的居住者會選擇何種品牌的商品服務」進行的調查結果。據調查，超過八成的消費者回答「只會考慮值得信賴的品牌」。而且，大約六成的消費者表示有「對品牌失去信任，所以不再購買」這類的經驗，約有七成的消費者回答「不會再購買該品牌」。此外，歐美的 Y 世代和 Z 世代當中，有六成的人回答「比起商品服務，更會根據該品牌能否『解決社會問題』，來判斷是否要購買」。

　　也就是說，居民會確認該企業在社會中所扮演的角色（包含上述要素在內），以判斷「與這家企業連結是否有價值」。居民愈來愈關心企業所實現的社會價值，同時也因為社會數位化，使得企業活動愈來愈透明。

　　在這次的發表中，微軟將「企業為了獲得真正的信賴而應該展開的行銷活動」，稱為「有目的地行銷」（Marketing with Purpose），並提出五個要點。

　　第一個要點是「人們都追求真實與透明性」（People want the truth and transparency）。

　　不論在哪個時代，企業都必須對顧客誠實，這是理所當然的事，然而，尤其是在目前全球疫情蔓延的局勢下，人們

被迫進入分裂的世界裡，之前潛藏於心中的不安和不信任也因此展現出來。派樂騰之所以會受到人們支持，是因為他們站在事業的原點上，標榜「讓分裂的社群再次重生」，這與他們正視這個問題息息相關。企業面對顧客所懷抱的不安，必須連同自家公司的問題點也包括在內，毫不隱瞞地展現在顧客面前，透過與顧客的連結來解決；每家企業都必須抱持這樣的態度。

第二個要點是「人們要求企業提供平等的體驗，而不是只重視最低限度的合規性」（People want equitable experiences, not just compliance）。

這個訊息可說是充分表現出美國的現狀，不過，對日本企業也帶來很大的啟示。分裂正不斷發生，2021 年發生黑人的命也是命（Black Lives Matter）運動，也有比奧運更能向我們展現人類可能性的帕拉林匹克運動會。在企業內部，人們也被要求不能歧視或排擠他人，並展現出認同多樣性的社會和系統的態度。只要遵守某人訂下的規則，顧客就會信任該企業，這樣的時代已經結束。標榜出事業目的，才能定義該企業所要實現的人類幸福。假如沒能標榜出價值、成為引領社會的企業，便無法成為顧客想要信賴、支持、繼續保有連

結的對象。

　　第三個要點是「人們追求能夠展現態度的品牌，而不是害怕失誤、極力追求安穩的品牌」（People want brands that take a stand, not just play it safe）。

　　這與上一點有很多相通之處。為了提供顧客體驗，企業紛紛被要求明確展現自家公司對社會的態度。在新冠疫情之下，別說推動數位化了，許多企業因為不斷湧來的緊急事態宣言而忙得團團轉。但是，這對顧客來說也一樣，生活變得一團亂，同時也是冒出許多新課題的時期。在這種渾沌不明的時刻，企業被要求要了解顧客的現狀，展現出想加以解決的態度。本書第一章介紹過的 CAINZ 所進行的口罩抽籤販售，就是個絕佳案例。領先一步的企業總是會表現出對於變化的態度，清楚展現了全新的顧客體驗以及想持續與顧客連結的想法。與顧客面對面相互溝通，有時或許會得到很嚴厲的意見，但只要仔細聆聽，便會讓企業的事業目的更加明確，成為訂立行動方向的泉源。

　　第四個要點是「人們想要能夠對社會或人生帶來影響／貢獻的商品」（People want positive-impact products）。

如前所述，在數位社會中，顧客會與持續保持連結、幫忙解決自身課題、有價值的企業建立關係；而社會課題也是顧客的課題。唯有當企業以「對生活有益」（Good for Life）、「社會公益」（Social Good）、顧客的成功（Customer Success）作為目標，才會被顧客選中。舉例來說，YAMAP 不只提供地圖，也提供「守護功能」，幫助人們安全且安心地登山。此外，藉由獨家的忠誠度計畫，能和顧客一起為保護山林貢獻力量。這些舉動將對顧客希望的社會及人生帶來良好的影響。企業的事業目的，必須定位為創造出良好企業行動的起點。

第五個要點是「人們要的是共創，而不是被圈住」（People want inclusion, not just to be included）。

本書提倡的顧客關係 4P，是用來實現顧客價值的商業模式。這是用來實現顧客價值的循環，而不是用來「圈住」顧客的循環。當企業投入商業模式的數位化時，這個認知是一個特別重要的重點。本書所提到的商業模式或事業系統，前提是和顧客保持長期關係，並以提升顧客終身價值為目標。

假如立志成為真正的顧客至上主義企業，就必須標榜以顧客作為立基點的 Purpose，並視之為目標，建構出活用數

位的商業模式和事業系統。當顧客選擇這樣的企業時，並不是因為被企業圈住、不得已而繼續選擇該企業。在數位社會中，擁有主導權的是顧客。

▋ (二) 價值——重新思考構築顧客價值的方法

筆者們覺得還有一項觀點很重要，那就是用來思考顧客價值的觀點。

在行銷策略的實踐上，「從商品轉為體驗」這句話已傳頌許久。在日本經濟產業省發表的《平成 27 年度地區經濟產業活性化對策調查報告書》中提到，所謂的商品消費，是「消費個別的產品或服務所具有的功能性價值」，而體驗消費則是指「不只是購買產品來使用、享受產品的功能性服務，也是以個別現象相連的『一系列體驗』作為服務對象的消費活動」。換言之，與顧客價值金字塔第一層的「功能價值」以及第二層的「體驗價值」相符。本書更進一步提出顧客關係價值，作為「連結價值」。

我們必須有所認識的是，在體驗價值階段便開始包含在內的「與顧客的雙向性」，在連結價值的階段下會被當作「前提」。在單向溝通中，若想要實現顧客價值，日後還有

很長一段路要走。想要構築與顧客間的雙向關係，說起來容易，但包含商業模式和組織體制在內的大變革將會伴隨而來。也就是說，在思考過第一層的功能價值和第二層的體驗價值後，得要一面思考第三層的連結價值，一面探尋能實現雙向關係的方法；但若要引發足以跳脫企業化經營的規範轉換，是相當困難的。

本書介紹過的派樂騰和 YAMAP，是「先」設計出第三層的連結價值。他們打從一開始就明確地將自家公司的商業定義為「社群商業」，並且是以自己和顧客的雙向關係為前提，接著才構築出事業系統和商業模式。

最重要的是，他們了解「物品（商品服務）總有一天一定會被模仿」。因此，該投注心力的目標，是構成優秀社群的明星指導員，以及其他公司所沒有的忠誠度計畫，並將它們視為「必須投資的對象」。

相對於此，從功能價值的基礎來思考時，人事費或忠誠度計畫費有時會被定位為「須削減的費用」。換言之，起始的觀點不同，之後誕生的企業行動也會逐漸變得不同。

如果目標是要移往新的事業系統，就應該從顧客價值金字塔最頂端的「連結價值」開始檢討，進行具體的體驗價值測試，朝商品或服務的開發與建構前進。

筆者們做過許多企業的數位策略建構和推動數位化轉型的相關諮詢，一直在思考什麼是顧客關係。如前所述，一定是在顧客接納企業的價值提案、實現雙向關係後，顧客關係才會誕生。另一方面，該如何掌握並建構顧客價值，以及要將這種思考過程視覺化，是相當困難的。

　　本書提出的顧客價值金字塔，是嘗試透過顧客價值的結構化，將顧客關係的定位視覺化。這也能用以下的「顧客價值的方程式」來表示。

　　體驗消費，指的是包含商品服務所帶來的功能價值以及其他在內的整體體驗價值，經由相互作用而誕生。由於數位革命的緣故，迎來了企業和顧客必須不斷構築連結的時代，因此，要讓顧客抱持「想要一再體驗」的想法，這份「連結價值」變得極為重要。具備上述要素的顧客價值，才是顧客所想要的。價值並不是從數位中誕生的，事實上，是價值規定了數位應有的理想狀態。

　　自家公司的顧客是什麼樣的人？與顧客連結的現狀為何？顧客持續購買自家公司商品服務的理由為何？企業必須將數位策略定位為用來實現顧客價值的手段，以建構其理想狀態和活用的方法。

顧客價值的方程式

顧客價值＝連結價值 × 體驗價值 × 功能價值

物品消費

體驗消費

▌(三)人才──重新思考人與數位的關係

最後，是用來思考事業組織的觀點。

本書提出的事業系統，是企業面對顧客的生活數位化時所採取的態度，當中包含用來「了解顧客」的資料和系統。所謂的資料和系統，不是指企業的後端業務系統，而是用來向顧客行銷的資料和系統。換言之，為了構築並活用這套系統，需要有一套讓行銷與 IT 這兩項專業相互融合的體制。如果以負責人來舉例，前者相當於是行銷長，後者則是資訊長。

行銷長建構出與顧客連結的機制，不斷向顧客提案。資訊長則是將顧客視覺化，並基於如此的理解，不停提供有效且高效的工具。執行長將行銷長與資訊長視為自己的兩個輪子，以引導公司了解顧客，並實現其價值。

然而，從開發階段進入運用階段時，一定會浮現新的課題，也就是人才的課題。引領數位策略開發和數位化轉型的主管，是行銷長或資訊長等領導人，以由上而下的方式推動。之後，來到運用階段時，會反映在實務現場中。因此，如果是等到實務現場或店鋪現場才開始引進這種執行的觀點，那就太遲了，必定會發生尚未培育或配置人才（負責運

用資料和系統）的狀況。假如需要在數位顧客連結點上與顧客對話，那麼實務現場或店鋪現場的業務範圍和負擔將會逐漸增加。身處實務現場的人，可能會被數位這項武器耍得團團轉，導致他們疲憊不堪，引發惡性循環。

在經營企業時，該如何決定、配置、運用什麼樣的人才要素？又該如何評價其成果？答案是，事業數位化的課題，終究會歸結於人的課題，需要人資長的參與。所謂的數位事業系統，是立基於企業與顧客之間的長久關係、進行事業營運的機制。為了能長期實現這件事，人資長需要與行銷長、資訊長一起合作，以追求員工體驗最大化為目標。

若要實現數位事業系統，人資長該投入的工作有以下三項。

第一項，「提供活用科技的高產能工作環境」。人資長不只要推動線上會議和在家工作，也必須確認會在顧客連結點上使用哪些科技、會導致哪些業務範圍的負擔增加或減少。而且，推動活用科技的工作方式時，也應該評估會對工作者的體驗造成何種影響。此外，資訊長當然必須要求行銷長加以改善並進一步推動。

第二項，「對於活用科技的販售待客行動系統的建構和運用，要確立一套評價制度」。例如，有一項能實現線上待客的員工科技（Staff Tech）服務，便是將焦點放在「讓店鋪員工數位化轉型」的「STAFF START」上。從 2016 年開始這項服務後，五年內已有超過 1,600 個品牌在使用；2020年的商品成交金額與去年相比，急速成長了約 2.75 倍，達到 1,104 億日圓。針對引進這樣的工具，不能只靠行銷長和資訊長去思考，也需要人資長參與決定；包含工具的活用在內，必須反映在評價人才的制度上。

企業需要運用數位事業系統，不斷強化人才。如果其他公司能夠模仿你們公司對於人才的投資，那麼你們公司的人才便會不斷流失。派樂騰之所以支付高額的報酬給明星指導員，也是因為他們了解，不管公司多麼想要將商業模式數位化，能夠加以活性化的泉源還是在於人才。

如今在服飾界，優秀的店員成為 Instagram 網紅，自行與顧客構築連結，對業績做出貢獻，這樣的案例相當多。該如何評價這些人才？以數位技術來評斷企業優劣的時代已經過去了，當其他公司同樣也完成數位事業系統時，藉由人才所累積的見識，才會是最大的資產。不見得只有薪資報酬，像

是提升人才的技能、建立評價的機制，今後應該都會變得愈來愈重要。

第三項是「數位人才的培育和積極的雇用所帶來的人事制度改革（HR Disruption）」。以零售業來說，過去一般是以店面為起點的資歷計畫，採取這樣的人才培育法：「店面經驗→店長→總部→董事」。雖然在這種資歷計畫下，確實會培育出優秀的販售部門頂尖人物或海外事業的頂尖人物，但如果光是這樣，作為數位變革時代下的頂尖人才，將會陷入技能不足的問題之中。如本書所述，今後的競爭對手不見得是過去業界裡的其他公司。當專注於線上、數位背景出身的企業投入戰局時，假如在最花時間的人才培育方面沒做出任何改革，則很可能會成為致命傷。

同一時間，除了正式員工的人才培育外，也必須積極地雇用外部人才。但如此一來，必定會引發與數位業界的薪資差距和待遇的問題。零售業、製造業、服務業等所有業界內的企業，將會逐漸成為「數位企業」或「科技企業」。倘若仍依照過去的業界劃分、採取同樣的薪資體系，將無法留住人才。

在日本，已有企業採取不同於業界水準和自家公司水準的薪資體系，雙軌並行，積極爭取人才。人資長必須擁有經營的觀點，且為了培育或確保能讓數位事業系統運作的人才，也必須投入人事制度改革。在整體社會持續進行數位化、競爭不斷改變的情勢下，這樣的必要性也愈來愈明顯了。

回歸以顧客為立基點的行銷

本書以數位革命這個巨大的社會潮流為背景，在新冠疫情的契機下，觀察「日常生活數位轉換」的轉變。筆者們視之為顧客價值的變化，並且以顧客價值金字塔作為商業模式的變化，提出顧客關係 4P，據此考察策略的改變與競爭的變化。

此外，我們也得知現正發生的通路轉移並非單純只是顧客連結點的數位化，而是造就這些變化的起點。最後，為了因應這些變化，我們提出數位事業系統作為地圖，以全面確認策略和組織應有的理想狀態。

進入 21 世紀後，前 20 年是數位革命的前半期，21 世紀則是「顧客的世紀」。科特勒教授將 1970 ～ 1980 年代稱為「行銷 2.0」，這是跳脫「以產品為尊」的行銷，也就是「以顧客為尊的行銷」時代。

歷經 1990 年代後的網路普及，「行銷 3.0」的時代就

此展開。社群網站急速崛起，《時代》雜誌在 2006 年挑選
「你」（You）作為「時代年度風雲人物」，並在封面寫道：
「沒錯，就是你。你正是掌握資訊時代的人物。歡迎來到你
的世界。」（Yes, you. You control the Information Age. Welcome
to your world.）

　　每位顧客都擁有主體性和權限，能夠選擇自己覺得有價
值的商品服務、對外傳送訊息；是顧客自己提高了其價值。
社會的數位化仍持續進行，在這樣的情勢下，已變成顧客擁
有主導權的時代，我們已用了 20 多年的時間親身體驗。

　　但是，實務現場的行銷思考，真的也一同升級了嗎？
2020 年新冠肺炎的大爆發，導致許多企業面臨強大的外部壓
力、被逼入絕境；他們需要面對的問題，並不是只有「是否
對數位做出了因應」。在這之前，有一個更為根本的問題，
那就是「是否真正以顧客作為立基點，去追求自家公司的商
業模式改革」。

　　數位的根本價值，是人與人的連結。顧客與企業直接
構築一對一（One to One）連結的構想，是過去早就具備的
行銷概念。現在，這件事的可能性因為社會數位化而提高，
且顧客也提出同樣的要求。換言之，本書所提出的顧客關
係 4P 模式的本質，正是歷經了數位革命，「回歸以顧客為

立基點的行銷」。如果覺得自家公司對數位化的因應比別人落後，那麼，為了顧客著想，希望你們能早日朝改革邁出第一步。

　本書提出的思維和案例的解釋，如果能為讀者帶來些許助益，將是筆者們最大的榮幸。

謝辭

環境隨時都在急遽變化。

能夠改變整體社會的創新，並非單純只是由「技術革新」所引發。同一時間，顧客的「心理變化」和業界的「構造變化」也會產生帶頭作用，它們會一邊相互作用，一邊為創新訂立方向。這是本書作者岩井的老師——早稻田大學研究所經營管理研究科（商業學校）的內田和成教授所提倡的創新的本質。

內田教授指出的這點，符合本書一開頭提出的「數位革命」的解釋。所謂的數位革命，不只是藉由數位來進行技術革新，而是要改變顧客的生活，一面引發業界競爭規則的連鎖變化，一面進步。本書就是抱持這樣的觀點，在數位革命的推動下，考察企業是以什麼樣的商業模式或事業系統為目標。因此，本書的考察是基於內田教授提供的觀點，才得以成立。

伴隨著數位革命這樣急遽的環境變化，事業時時都在變

化。我們在本書中透過抽象的看法來加以掌握、展開考察，而這項思考體系是因為有筆者們的母校早稻田大學商業學校的內田教授、守口剛教授等許多老師的指導，以及與位於各業界最前線的同伴們一同學習、討論，才得以成形。

現在，我們想藉這個機會，對各位的指導及情誼獻上由衷的感謝。

此外，本書中所提到的考察，是在筆者們共同擔任執行長的顧客時間股份有限公司裡，由一同參與的許多成員們共同淬鍊而成。尤其是顧客時間的核心成員風間公太先生，對我們兩位而言，是最好的「第三隻眼」，常以朋友的身分為我們帶來款語溫言的啟發。此外，本書中提到的成員伴大二郎先生、松下沙彩女士、田原美穗女士，也提供我們來自國內外的案例及知識。

另外，有關本書提出的變革方向性，假如日本國內一些先進的企業沒有這樣的案例，我們就無法向讀者傳達如此具體的內容。

YAMAP 社長春山慶彥先生、行銷經理小野寺洋先生、snaq.me 董事長服部慎太郎先生、TRIAL 控股公司暨 Retail AI Inc. 執行顧問的西川晉二先生，他們都爽快地答應本書介紹他們投入工作的方式，而且在採訪時也提供大力協助。

讓筆者們連結在一起，為我們創造出「顧客時間」這個場所的人，是筆者岩井的另一位老師。

　　他帶給了我們「看清楚社會」、「看清楚顧客」這樣的思考骨幹，並鍛鍊我們判斷變化的眼力、促進改革的言語，以及享受混亂的膽識。老師生性害羞，所以在此不公開他的姓名，但還是不能抹滅老師的存在。在此由衷致上我們的謝意。

　　本書不只有筆者們的研究，也參考了許多媒體的報導和連載。尤其是日經 BP 的安倍俊廣先生，從上一本著作起便提供我們連載的機會，一直持續至今。另外，讓筆者們的前一本著作《為什麼亞馬遜要開實體商店？》出版問世，看著書中思維的發展，展現其過人的本領，並引導本書得以付梓的人，是日經 BP 的長崎隆司先生。他那精準又嚴厲的啟發，以及拓展我們思維的解釋，不知為我們帶來多大的助益。筆者們的考察，也是因為與長崎先生討論後，才能得到更清楚的輪廓，這麼說一點都不為過。

　　接下來，想感謝筆者們的家人。

　　自從上一本著作出版以來，因為創立了顧客時間公司，以及新冠疫情所帶來的新生活，筆者們的周遭環境也產生很大的改變。家人們始終都能諒解筆者們的行動，以笑臉包容、發自內心地支持我們挑戰撰寫本書，並持續在背後推動

我們前進。

奧谷的妻子美惠、女兒美壽壽、亞壽紗、兒子（公貓）馬卡龍、三女（母貓）最中，真的很謝謝你們。

最了解岩井的人——妻子由佳、最愛的人——兒子郁磨、執筆時一直睡在旁邊的阿雪（母狗）。謝謝你們。

最後，由衷感謝拿起本書的各位。

麥肯錫在書籍中提到行銷 4P 這個傑出的判斷法，該書於 1978 年在日本出版，距今已將近半個世紀。該書書名是《基礎行銷》（*Basic Marketing*），這是在歷史留名的名著，指出對基礎行銷的理解，掌握其整體樣貌。本書為了對這本名著表示敬意，日文版因此取名為《行銷的新基礎》（*New Basic of Marketing*）。書中暗藏的訊息是——這不是基礎的行銷；行銷的基礎正在改變。

直接面對數位革命這個變革期的行銷人，擁有各自的判斷，也期盼能朝向實現更好的社會、更好的顧客價值，來推動企業；也因此才有這本書的問世。誠心期盼本書能和擁有同樣的課題意識、一同奮鬥的各位行銷人，建立全新的連結。

2022 年 1 月　奧谷孝司、岩井琢磨

参考資料

- 『アマゾン傘下の食品スーパー、オンライン専門の「ダークストア」への転換を進める』ビジネス・インサイダー、2020年5月18日
- 『欧米大手で進むD2C対応 顧客体験磨きブランド価値向上 奔流eビジネス（スクラムベンチャーズ マーケティングVP 三浦茜氏）、2021年4月18日
- 『カインズがマスクや体温計の抽選販売を実施 品薄商品を公平に届けるため』IT mediaビジネスオンライン、2020年4月30日
- 『コロナ禍でも好調のルルレモンを支える「パワー・オブ・スリー」戦略』Forbes Japan、2021年1月13日
- 『在宅フィットネスの米ペロトン、1-3月は66%増収 − 新型コロナ特需』Bloomberg、2020年5月7日
- 『J.クルーが破綻 新型コロナが追い討ちに』WWD Japan、2020年5月4日

- 『新型コロナ流行を追い風に急成長、アリババ一押しの生鮮EC「盒馬ミニ」の戦略』36Kr Japan、2020年4月1日）
- 『（続報）AOKIサブスク撤退の裏に4つの想定外』日経クロストレンド、2018年11月16日
- 『中国で急拡大する生鮮食品分野でのECサービス』Digital Shift Times、2020年6月4日
- 『D2C拡大のため、ナイキは「アプリ」ユーザーに注目する』DIGIDAY、2019年11月26日
- 『デジタル革命は「助走期」から「飛翔期」へ。眞のデジタル社会はいつ訪れるか 森川博之：東京大学大学院工学系研究科教授』ダイヤモンド・オンライン、2019年4月8日
- 『「ナイキ」の売上高が500億ドル超えの可能性 株価は一時15%急騰』Fashionsnap.com、2021年06月28日
- 『ニトリ株、コロナ乗り切り急伸 3〜5月は2割増益』日本経済新聞、2020年6月25日
- 『米Amazonが次に「破壊」する9つの業界』日本経済新聞、2020年12月7日

- 『米ウォルマート増収増益 8〜10月、ネット通販8割増』日本経済新聞、2020年11月17日

- 『米「24アワー・フィットネス」が破産法の適用申請』CNN.co.jp、2020年6月16日

- 『米百貨店ニーマン・マーカスが経営破綻 新型コロナで』日本経済新聞、2020年5月8日

- 『米フィットネス「ゴールドジム」破綻 営業続ける意向』日本経済新聞、2020年5月5日

- 『米ペロトン、10-12月売上高に強気の見通し − サブスク需要拡大で』Bloomberg、2020年11月6日

- 『Peloton 4Q決算：有料会員109万人に倍増、来期は最大210万人に急増へ』strainer、2020年9月11日

- 『ルルレモン、時価総額H&M超え「御三家」の一角崩す カナダアパレル大手、ネット販売5割で利益率突出』日本経済新聞、2021年9月21日

- "Peloton Launches Private Label Apparel Brand, Peloton Apparel" CISION PR Newswire, Sep 09, 2021

- E.J. マッカーシー『ベーシック・マーケティング』粟屋義純監訳、浦郷義郎ほか訳、東京教学社、1978年。

- 一般社団法人リテール AI 研究会『リアル店舗の逆襲』日経BP、2018年 。

- 井上達彦『模倣の経営学』日経BP、2012年 。

- 井上達彦『ゼロからつくるビジネスモデル』東洋経済新報社 、2019年 。

- 井上達彦・鄭雅方『世界最速ビジネスモデル 中国スタートアップ図鑑』日経BP、2021年 。

- 井上達彦『マンガでやさしくわかるビジネスモデル』日本能率協会マネジメントセンター、2021年 。

- 田和成編著『ゲームチェンジャーの競争戦略 ルール、相手 、土俵を変える』日本経済新聞出版 、2015年 。

- 奥谷孝司・岩井琢磨『世界最先端のマーケティング 顧客とつながる企業のチャネルシフト戦略』日経BP、2018年 。

- 尾原和啓『プロセスエコノミー あなたの物語が価値になる』幻冬舎 、2021年 。

- 甲斐かおり『ほどよい量をつくる』インプレス、2019年 。

- 影山知明『ゆっくり、いそげ カフェからはじめる人を手段化しない経済』大和書房 、2015年 。

- 加護野忠男・井上達彦『事業システム戦略 事業の仕組みと競争優位』有斐閣アルマ、2004年。

- 加護野忠男・山田幸三編『日本のビジネスシステム その原理と革新』有斐閣、2016年。

- カロリン・フランケンバーガー、ハナ・メイヤー、アンドレアス・ライター、マーカス・シュミット『DXナビゲーター コア事業の「強化」と「破壊」を両立する実践ガイド』渡邊哲監訳、山本眞麻・田中恵理香訳、翔泳社、2021年。

- クラウス・シュワブ、ティエリ・マルレ『グレート・リセット ダボス会議で語られるアフターコロナの世界』藤田正美・チャールズ清水・安納令奈訳、前濱暁子翻訳監修、日経ナショナル ジオグラフィック社、2020年。

- 郡司昇『小売業の本質』2021年。

- 経済産業省『平成27年度地域経済産業活性化対策調査報告書』2015年。

- 経済産業省『令和2年度産業経済研究委託事業（電子商取引による市場調査）』、2021年。

- 近藤公彦・中見眞也編著『オムニチャネルと顧客戦略の現在』千倉書房、2019年。

- 成毛眞『2040年の未来予測』日経BP、2021年。

- 根来龍之『プラットフォームの教科書』日経BP、2017年。

- 野中郁次郎・勝見明『共感経営「物語り戦略」で輝く現場』日本経済新聞出版、2020年。

- ハーバード・ビジネス・レビュー編集部編『ビジネスモデルの教科書』DIAMONDハーバード・ビジネス・レビュー編集部訳、ダイヤモンド社、2020年。

- 弘子ラザヴィ『カスタマーサクセスとは何か』英治出版、2019年。

- フィリップ・コトラー、ヘルマワン・カルタジャヤ、イワン・セティアン『コトラーのマーケティング3.0』恩蔵直人監訳、藤井清美訳、朝日新聞出版、2010年。

- フィリップ・コトラー、ヘルマワン・カルタジャヤ、イワン・セティアン『コトラーのマーケティング4.0』恩蔵直人監訳、藤井清美訳、朝日新聞出版、2017年。

- フィリップ・コトラー、ジュゼッペ・スティリアーノ『コトラーのリテール4.0』恩蔵直人監訳、高沢亜砂代訳、朝日新聞出版、2020年。

- ボストンコンサルティンググループ編『BCGが読む経営の

論点2021』日本経済新聞出版、2020年。

● 森川博之『データ・ドリブン・エコノミー デジタルがすべ
ての企業・産業・社会を変革する』ダイヤモンド社、
2019年。

● 山口周『ニュータイプの時代 新時代を生き抜く24の思
考・行動様式』ダイヤモンド社、2019年。

● 劉潤『事例でわかる 新・小売革命』配島亜希子訳、
CITIC Press、2019年。

BIG 407

2040 數位行銷圈客法則：
用全新行銷 4P 與顧客建立連結，讓商品熱賣又長銷

作　　者－奧谷孝司、岩井琢磨
譯　　者－高詹燦
資深主編－陳家仁
編　　輯－黃凱怡
企　　劃－藍秋惠
編輯協力－黃琮軒
封面設計－吳郁嫻
內頁設計－李宜芝

總 編 輯－胡金倫
董 事 長－趙政岷
出 版 者－時報文化出版企業股份有限公司
　　　　　108019 台北市和平西路三段 240 號 4 樓
　　　　　發行專線－ (02)2306-6842
　　　　　讀者服務專線－ 0800-231-705・(02)2304-7103
　　　　　讀者服務傳真－ (02)2304-6858
　　　　　郵撥－ 19344724 時報文化出版公司
　　　　　信箱－ 10899 臺北華江橋郵局第 99 信箱
時報悅讀網－ http://www.readingtimes.com.tw
法律顧問－理律法律事務所 陳長文律師、李念祖律師
印　　刷－家佑印刷有限公司
初版一刷－ 2023 年 1 月 13 日
定　　價－新台幣 350 元
（缺頁或破損的書，請寄回更換）

時報文化出版公司成立於一九七五年，
並於一九九九年股票上櫃公開發行，於二〇〇八年脫離中時集團非屬旺中，
以「尊重智慧與創意的文化事業」為信念。

2040 數位行銷圈客法則：用全新行銷 4P 與顧客建立連結，讓商品熱賣又長銷 / 奧谷孝司，
岩井琢磨作；高詹燦譯 . -- 初版 . -- 臺北市：時報文化出版企業股份有限公司，2023.01
240 面；14.8 x 21 公分 . --（Big；407）

ISBN 978-626-353-242-7(平裝)

1. 網路行銷 2. 行銷管理 3. 顧客關係管理

496　　　　　　　　　　　　　　　　　　　　　　　111019549

MARKETING NO ATARASHII KIHON KOKYAKU TO TSUNAGARU JIDAI NO 4P X ENGAGEMENT written by
Takashi Okutani, Takuma Iwai
Copyright © 2022 by Takashi Okutani, Takuma Iwai
All rights reserved.
Originally published in Japan by Nikkei Business Publications, Inc.
Complex Chinese translation rights arranged with Nikkei Business Publications, Inc.
through Future View Technology Ltd.

ISBN 978-626-353-242-7
Printed in Taiwan